普通高等教育医学类系列教材

应 用 光 学

主　　编　李宾中

副 主 编　李大海　廖新华　曾林泽　王　磊

编　　委　（按姓氏笔画排列）

王　磊（四川大学）

汤明玥（川北医学院）

李大海（四川大学）

李宾中（川北医学院）

陈海峰（川北医学院）

曾林泽（川北医学院）

廖新华（第三军医大学）

秘　　书　陈海峰（川北医学院）

汤明玥（川北医学院）

科 学 出 版 社

北 京

内 容 简 介

本书是根据眼视光学专业对光学知识的基本要求，参考国内外有关教材，并结合我们的教学实践经验，由三所院校编写而成。全书共九章，第一章为波动光学基础，涵盖波动光学的基本概念和基础知识。本书的主要内容是第二至第六章为几何光学，论述高斯光学的成像理论和一些基本光学元件的成像特性，以及光学系统中的光束限制等问题；也是眼视光学专业的重要基础。第七章为光度学与色度学基础，第八章为光学系统的像差及像质评价，第九章为目视光学仪器，是与眼视光学专业密切相关的三部分内容。

本书适合高等院校眼视光学专业师生及眼科工作者使用，也可供光学等有关专业的师生和研究工作者作为参考用书。

图书在版编目（CIP）数据

应用光学 / 李宾中主编. —北京：科学出版社，2017.1

ISBN 978-7-03-051502-5

Ⅰ.①应… Ⅱ.①李… Ⅲ.①应用光学–高等学校–教材 Ⅳ.①O439

中国版本图书馆 CIP 数据核字（2017）第 002484 号

责任编辑：朱 华 / 责任校对：李 影
责任印制：赵 博 / 封面设计：陈 敬

科学出版社出版
北京东黄城根北街 16 号
邮政编码：100717
http://www.sciencep.com

北京科印技术咨询服务有限公司数码印刷分部印刷
科学出版社发行 各地新华书店经销
*

2017 年 1 月第 一 版 开本：787×1092 1/16
2025 年 1 月第 四 次印刷 印张：10 1/2
字数：246 000
定价：45.00 元
（如有印装质量问题，我社负责调换）

前　　言

　　本书是根据眼视光学专业《眼科（视光）应用光学教学大纲》，为眼视光学专业的学生编写的。在李宾中、曾林泽编写的《应用光学基础》讲义的基础上，全书吸取了作者多年来的教学经验和实践成果，并参考了国内外相关教材和同行的经验进行修改和重写而成。与原来的讲义相比，结构上有一些变动，内容也有充实和提高。眼视光学专业的《应用光学》涉及的主要知识是几何光学，此外，还有相关的波动光学、光度学和色度学基础，光学系统的像差和像质评价，以及目视光学系统等，本书内容涵盖了这些知识。

　　本书共分九章，第一章为波动光学基础，为本课程提供相关的波动光学的基本概念和基础知识，其中的傅里叶光学是现代光学中像质评价的基础。第二至第六章为几何光学内容，主要论述高斯光学的成像理论和一些基本光学元件的成像特性，以及光学系统中的光束限制等问题；这是本书的主要部分，也是眼视光学专业的重要基础。第七章光度学与色度学基础，第八章光学系统的像差及像质评价，第九章目视光学仪器等三章主要选取了与眼视光学专业密切相关的三部分内容。

　　本书适合高等院校眼视光学专业师生及眼科工作者使用，也可供光学等有关专业的师生和研究工作者作为参考用书。

　　在编写过程中，得到了领导、同事、朋友及出版社的大力支持。在此，向关心和支持本书编写的领导、同事、朋友，致以衷心的谢意！向科学出版社的领导和编辑表示谢意，他们付出了辛勤的工作！

　　虽然，编者们认真编写、多次修改，力图把最好的书稿奉献给眼视光学专业的师生及其他阅者，但受限于编者的学识水平，加之脱稿仓促，书中谬误和不妥之处难免，恳切希望读者批评指正，不胜感激！

编　者

2016 年 8 月

目　　录

绪论 ………………………………………………………………………………… 1

第一章　波动光学基础 ……………………………………………………………… 4
　§1.1　光的波动模型 ……………………………………………………………… 4
　§1.2　光的干涉 …………………………………………………………………… 5
　§1.3　光的衍射 ………………………………………………………………… 11
　§1.4　光的偏振 ………………………………………………………………… 17
　§1.5　光的散射 ………………………………………………………………… 22
　§1.6　傅里叶光学基础 ………………………………………………………… 24

第二章　几何光学基本原理 ……………………………………………………… 30
　§2.1　光的光线模型 …………………………………………………………… 30
　§2.2　几何光学的基本定律 …………………………………………………… 31
　§2.3　光路可逆和全反射 ……………………………………………………… 33
　§2.4　费马原理 ………………………………………………………………… 35
　§2.5　成像的概念 ……………………………………………………………… 36

第三章　平面系统 ………………………………………………………………… 40
　§3.1　平面镜 …………………………………………………………………… 40
　§3.2　平行平板 ………………………………………………………………… 41
　§3.3　棱镜 ……………………………………………………………………… 43
　§3.4　薄棱镜和薄棱镜组合 …………………………………………………… 47
　§3.5　光学材料 ………………………………………………………………… 48

第四章　球面系统 ………………………………………………………………… 53
　§4.1　光线经单个折射球面成像 ……………………………………………… 53
　§4.2　单球面折射的近轴区成像性质和物像关系 …………………………… 56
　§4.3　共轴球面系统 …………………………………………………………… 60
　§4.4　球面反射镜 ……………………………………………………………… 63

第五章　理想光学系统 …………………………………………………………… 66
　§5.1　理想光学系统的原始定义 ……………………………………………… 66
　§5.2　理想光学系统的基点和基面 …………………………………………… 66
　§5.3　理想光学系统的物像关系 ……………………………………………… 68
　§5.4　理想光学系统的节点和节平面 ………………………………………… 75
　§5.5　光学系统的组合 ………………………………………………………… 77
　§5.6　透镜 ……………………………………………………………………… 81

第六章　光学系统中的光束限制 ………………………………………………… 91
　§6.1　光阑及其作用 …………………………………………………………… 91
　§6.2　光学系统的景深和焦深 ………………………………………………… 94
　§6.3　远心光学系统 …………………………………………………………… 97

第七章 光度学与色度学基础················101

  §7.1 辐射度学量与光度学量················101

  §7.2 光传播中的光度学量变化················108

  §7.3 成像系统像面的光照度················111

  §7.4 颜色的概念和分类················113

  §7.5 颜色混合和匹配················116

第八章 光学系统的像差及像质评价················120

  §8.1 像差基本概念················120

  §8.2 像质评价················131

  §8.3 常用的像质检验方法················136

第九章 目视光学仪器················141

  §9.1 放大镜和目镜················141

  §9.2 显微系统及其特性················145

  §9.3 望远系统及其特性················147

  §9.4 摄影与投影系统················151

参考文献················159

索引················160

绪　　论

自从有了人类以来，人们的社会生产和生活活动就离不开光。人们所以能够看到五彩缤纷、瞬息万变的世界，是因为眼睛接收到物体发射、反射或散射的光。据统计，人类感官所接收到外界的总信息量中，至少有 90%以上通过眼睛。正因为如此，人们对光学现象和光的本质怀有极大的兴趣，那么光到底是什么呢？

1. 光是什么

光是一种重要的自然现象，人类对光本性的探索经历了一个漫长的过程。1621 年，斯涅耳利用托勒密的测量数据总结出了折射定律(斯涅耳定律)。笛卡儿最早提出了光的微粒模型，并于 1637 年从理论上推导出斯涅耳定律。1655 年，意大利科学家格里马第首先发现了光的衍射现象，他推想光可能是与水波类似的一种流体，光的不同颜色是波动频率不同的结果。他是光的波动学说最早的倡导者。

那么，光究竟是波，还是粒子？

1663 年，英国科学家波义耳第一次记载了肥皂泡和玻璃球中的彩色条纹，提出了物体的颜色不是物体本身的性质，而是光照射在物体上产生的效果。不久后，英国物理学家胡克重复了格里马第的试验，并通过对肥皂泡膜的颜色的观察提出了"光是以太的一种纵向波"的假说，光的颜色是由其频率决定的。

然而 1672 年，伟大的牛顿在他的论文《关于光和色的新理论》中谈到了他所作的光的色散实验。他认为，光的复合和分解就像不同颜色的微粒混合在一起又被分开一样。他用微粒说阐述了光的颜色理论。

于是，波动说与粒子说的第一次争论由"光的颜色"这根导火索引燃了。从此，胡克与牛顿之间展开了漫长而激烈的争论。

波动说的支持者，荷兰著名学者惠更斯继承并完善了胡克的观点。惠更斯曾去英国旅行，并在剑桥会见了牛顿。二人彼此十分欣赏，而且交流了对光的本性的看法，但他和牛顿之间产生了分歧。之后，他仔细的研究了牛顿的光学实验和格里马第实验，提出了波动学说比较完整的理论。

1690 年，惠更斯在《论光》中写道："光同声一样，是以球形波面传播的，这种波同把石子投在平静的水面上时所看到的波相似。"他认为，光是一种由"以太"传播的机械波，并且是纵波。

同时期，牛顿的微粒学说也逐步地建立起来了。基于各类实验，牛顿修改和完善了他的光学著作《光学》。

1704 年，《光学》正式公开发行。但此时的惠更斯与胡克已相继去世，波动说一方无人应战。而牛顿由于其对科学界所做出的巨大贡献，成为了当时无人能及的一代科学巨匠。随着牛顿声望的提高，人们对他的理论顶礼膜拜，重复他的实验，并坚信与他相同的结论。整个十八世纪，几乎无人向微粒说挑战，也很少再有人对光的本性作进一步的研究。

十八世纪末，在德国自然哲学思潮的影响下，人们的思想逐渐解放。英国物理学家托马斯·杨开始对牛顿的光学理论产生怀疑。

1801 年，托马斯·杨进行了著名的杨氏双缝干涉实验，从而证明了光是一种波。首次提出了光的干涉概念和光的干涉定律。

1803 年，杨氏写成了论文《物理光学的实验和计算》。他根据光的干涉定律对光的衍射现象作了进一步的解释，认为衍射是由直射光束与反射光束干涉形成的。

杨氏的理论激起了牛顿学派对光学研究的兴趣。

1808 年，拉普拉斯用微粒说分析了光的双折射线现象，批驳了杨氏的波动说。

1809 年，马吕斯在试验中发现了光的偏振现象。由于惠更斯提出光是一种纵波，而纵波不可能发生偏振，这一发现成为了反对波动说的有利证据。

1811 年，布儒斯特在研究光的偏振现象时发现了光的偏振现象的经验定律。

光的偏振现象和偏振定律的发现，使当时的波动说陷入了困境，使物理光学的研究更朝向有利于微粒说的方向发展。

面对这种情况，杨氏对光学再次进行了深入的研究，1817 年，他放弃了惠更斯的光是一种纵波的观点，提出了光是一种横波的假说，比较成功的解释了光的偏振现象。吸收了一些牛顿学派的看法之后，他又建立了新的波动理论。杨氏把他的新看法写信告诉了牛顿学派的阿拉戈。

1819 年，菲涅耳成功的完成了对由两个平面镜所产生的相干光源进行的光的干涉实验，继杨氏干涉实验之后再次证明了光的波动说。阿拉戈与菲涅耳共同研究一段时间之后，转向了波动说。1819 年底，在菲涅耳对光的传播方向进行定性实验之后，他与阿拉戈一道建立了光波的横向传播理论。

1882 年，德国天文学家夫琅和费首次用光栅研究了光的衍射现象。在他之后，德国另一位物理学家施维尔德根据新的光波学说，对光通过光栅后的衍射现象进行了成功的解释。

至此，新的波动学说牢固地建立起来了，微粒说开始转向劣势。

随即，人们开始为光波寻找载体，于是以太说又重新活跃起来。但人们在寻找以太的过程中遇到了许多困难，预示了波动说所面临的危机。

1887 年，英国物理学家麦克尔逊与莫雷以"以太漂流"实验否定了以太的存在。

1887 年，德国科学家赫兹发现光电效应，光的粒子性再一次被证明！

1894 年，麦克斯韦提出"光是一种电磁波"，即光的电磁波动学说，它以大量无可辩驳的事实赢得了普遍公认。可以说，19 世纪波动学说取得了巨大的成功，达到尽善尽美的境界。

但是，在研究光与物质相互作用的过程中，发现有许多现象用光的电磁波动理论也难以解释。特别是黑体辐射和光电效应实验，发现光是不连续地被发射和被吸收的，光流具有不连续性的结构。

于是，普朗克在 1900 年提出了量子说，解释了黑体辐射。

1905 年，爱因斯坦又发展了普朗克的量子理论，提出了光量子的假设，成功地解释了光电效应。爱因斯坦认为，光是由光量子(光子)组成的，即光具有粒子的特性。

1924 年，德布罗意大胆地创立了物质波动学说，指出波粒二象性是微观粒子的普遍属性，光也是如此，从而在量子力学和量子电动力学中，使光的波动性和微粒性辩证地统一起来。也就是说，光既具有粒子性，又具有波动性，光在传播时表现为波动性，而与物质作用时又表现为粒子性。

1925 年，玻恩提出的波粒二象性的几率解释建立了波动性和微粒性之间的联系。

1927 年，康普顿散射实验进一步证明了光量子理论的正确性，由此，对光的微粒性的认识进入了一个新的阶段。

1927 年，杰默尔和后来的乔治·汤姆森在试验中证明了电子束具有波的性质。

在新的事实与理论面前，光的波动说与微粒说之争以"光具有波粒二象性"而落下了帷幕。

光本质上具有波粒二象性，但在处理具体问题时，要采用适当的物理模型。如"光线模型"、"波动模型"、"光子模型"。

2. 应用光学

对光本性的探索推动了光学的发展，也推动了光学在各个领域中的应用，这就形成了"应用光学"分支。

人们在社会和生产实践中要不断了解和研究各种物质的现象和信息，光学就成为必不可少的手段。例如，观察远处的物体要用望远镜；研究物质的微观结构要用显微镜；记录瞬间的现象要用照相机(或摄像机)；研究物质的分子和原子结构，要用光谱仪来分析其光谱；各种物理量的高精度测量，要用到光学计量仪器和技术；实现自动控制要用光电仪器和技术，等等。

二十世纪六十年代初发明的激光，又使整个光学发生了革命性的变化，极大地推动了光学的发展和应用。随着新理论和新技术的不断出现和发展，建立和发展了激光原理，激光光谱学，光全息术和光信息处理等理论和技术，形成了激光化学，激光生物学，激光光谱学，激光医学，信息光学(傅里叶光学)，视觉光学(生理光学)等许多交叉边缘学科。光学在各个领域中的应用更加广泛和深入。

3. 光学与眼科学、视光学有着密切的联系

光学与眼科学、视光学有着密切的联系。首先，人体眼球的屈光系统的构造就如同一架精密而又复杂的摄像机。其次，眼科学、视光学中包括从角膜到眼底，各种屈光、视野和眼压等的大部分检查、诊断和治疗仪器，都要应用到光学原理和技术，有许多仪器本身就是一种医用光学仪器。例如，常见的检查诊断仪器有裂隙灯显微镜、检眼镜、视网膜镜(检影镜)、验光仪、角膜曲率计、立体镜、同视机及眼底照相机、无接触眼压计等；治疗眼疾的仪器与器械有增视镜、合像镜、弱视刺激仪(治疗仪)、手术显微镜、激光治疗机等。还有提高视功能的光学"药物"，如眼镜、触镜、人工晶体、低视力助视器等。因此，从广度上看，眼科学和视光学所涉及的光学知识几乎是整个光学领域。随着现代光学理论与技术的发展，在眼科又出现了如眼底全息摄影、眼底的激光飞点扫描电视、屈光不正眼的激光治疗矫正术、人眼的全视路系统 MTF(调制传递函数)测定及视网膜至大脑区间的 MTF 测定等新技术和新方法。

(李宾中)

第一章 波动光学基础

以光的波动性为基础，研究光的传播规律的学科，称为波动光学。本章主要讨论光的干涉、衍射、偏振等现象，阐明其波动性质和基本规律。最后二节分别介绍光的散射和傅立叶光学的基础知识。

§1.1 光的波动模型

麦克斯韦认为，光是某一波段的电磁波。图 1-1 是电磁波谱示意图，从图中可以看到各种不同电磁波的频率分布情况。光波的波长范围约为 $10\sim10^6$nm，其中波长为 $380\sim760$nm 的光波能为人眼所见，称为可见光。而波长小于 380nm 的光称为**紫外光**(ultraviolet light)**[或紫外线(ultraviolet rays)]**，波长大于 760nm 的光称为**红外光[或红外线(infrared ray)]**位于可见光区外两端，是不为人眼所见的。在可见光区内，不同波长的光给人以不同颜色的感觉，对应的波长范围如图 1-2 所示。具有单一波长的光称为**单色光**(monochromatic light)。几种单色光相混合后产生的光称为**复色光**(polychromatic light)。单色光是一种理想光源，现实中并不存在，激光可以近似地被看成单色光。白光可由各种波长的单色光按一定比例混合后而得到。

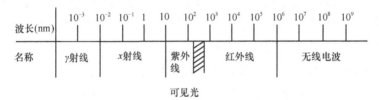

图 1-1 电磁波谱

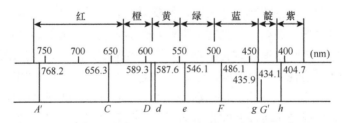

图 1-2 可见光中各颜色的波长范围

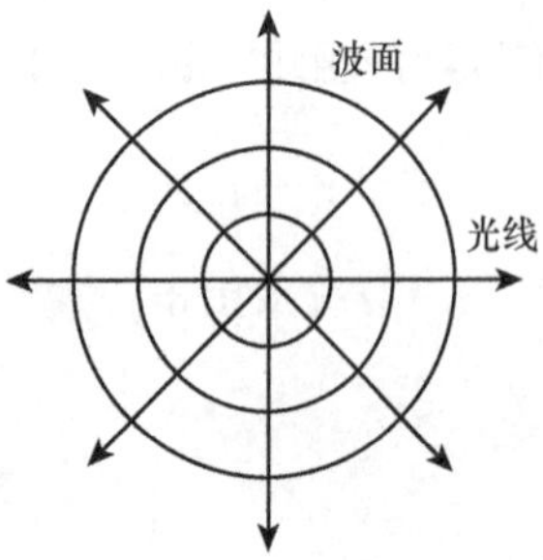

光是一种横波。自发光体向四周辐射的光波，在某一瞬时，光振动位相相同的各点构成一曲面称为**波阵面**(wave front)，简称**波面**，见图 1-3。

波面按形状可分为球面、平面和任意曲面(为不规则波面)。在各向同性的均匀介质中，一发光点发出的光波波面是一系列以发光点为中心的同心球面，这种波称为**球面波**。对于有一定大小的发光体，在光的传播距离比其自身线度大得多的情况下，其发出的光波也可近似视为球面波。当发光点位于无限远处时，其发

图 1-3 波面示意图

出的光波波面形状可视为平面，这种波称为**平面波**。偏离上述规则波面的不规则波面，则称为变形波面。

当研究光的传播和颜色问题时，要采用波动模型。当研究对象的尺寸小于或相当于光的波长(可见光波长为微米量级)时，衍射现象不可忽略，此时必须采用波动模型处理光学问题。

<h2 style="text-align:center">§1.2　光　的　干　涉</h2>

干涉现象是波动的特性之一。只有波动的叠加才能产生干涉现象。光的干涉现象的出现，无可置辩地肯定了光的波动本性。

1.2.1　波的叠加原理

几个波源产生的波在同一介质中传播时，无论它们相遇与否，都保持自己原有的特性，即频率不变、波长不变、振动方向不变，各列波都按自己原来传播的方向继续前进，不受其他波的影响；在相遇处，每个质点的位移是各列波单独在该点所产生的位移的矢量和。这种波动传播的独立性和可叠加性叫做**波的叠加原理**(superposition principle of wave)。例如，听乐队演奏时，各种乐器的声音保持原有的音色，我们能够从中辨别出来。

波的叠加原理与波传播的独立性是有条件的，一是媒质，二是波的强度。例如，当光通过变色玻璃时，或光的强度很强时，叠加原理不成立，这种现象称为非线性效应，属于非线性光学讨论的范畴，本书不涉及。

1.2.2　波的干涉

如果两列波满足相干条件：①频率相同、②振动方向相同、③位相差恒定，那么，它们在相遇的区域叠加后，叠加区域内的合振动可能在有些地方加强，有些地方减弱，这种现象称为干涉(interference)。满足相干条件的光称为**相干光**(coherent light)，能发出相干光的光源称为**相干光源**(coherent source)。

对于光波，普通光源很难满足相干条件，这是由于光源发光本质的复杂性所决定的。普通光源发出的光是由大量原子或分子随机辐射的一系列有限长度的波列所组成的，其振动方向和初相位以及频率是彼此独立、随机分布的。另一方面，分子或原子的发光是间歇的，即发出一波列(持续时间约 10^{-8} 秒，长度约为 3 米)之后，要间歇若干时间，再发出另一波列。因此，两光源发出的光在空间任一点叠加时，只能观察到一个平均光强度，而观察不到明显、稳定的干涉现象。所以，由大量波列组成的光束，不能保持固定的振动方向和初相位。不仅来自两个独立光源的光波不能相互干涉，即使同一光源不同部分发出的光波也不可能产生干涉现象。

要从普通光源上获得相干光，必须将同一光源发出的光波，在同一波阵面上分成两列(或多列)光波，沿不同路径传播，然后让它们相遇，这时，它们满足频率相同、振动方向相同、位相差恒定的条件，可以在相遇的区域产生干涉现象。

还要指出的是，只满足相干条件还不一定就能获得干涉现象；为确保产生明显的干涉现象，还须满足两个补充条件：①两光波在相遇点所产生的振动的振幅相差不悬殊。②两光波在相遇点的光程差不能太大。

1.2.3 光程 光程差

在分析光波的叠加时，参与叠加的光波的相位差是一个十分重要的参数。为了方便地比较和计算光经过不同介质时引起的相位差，需要引入光程和光程差的概念。

光在介质中传播的速度与介质的折射率有关，而光波的频率不变。因此，在相同时间内光在不同介质中传播的几何路程不相等。设单色光在真空和介质中传播的速度分别为 c 和 v，则介质的折射率为

$$n = \frac{c}{v} \tag{1-1}$$

设在 t 秒内，光在真空中传播的路程为 L，在介质（折射率为 n）中传播的几何路程为 x，则有 $t = \dfrac{L}{c} = \dfrac{x}{v}$，再考虑到式(1-1)后得

$$L = nx \tag{1-2}$$

上式中 $L=nx$，即折射率和几何路程的乘积，叫做**光程**(optical path)。可见，光程是把光在介质中传输的路程折合为光在真空中传输的相应路程。引入光程以后，在分析光波传播到空间任一点的相位或相位变化时更为简捷。光程之差称为**光程差**(optical path difference)。

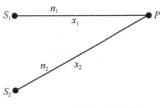

图 1-4 光程和光程差

光程差和相位差有什么关系呢？如图 1-4，从光源 S_1、S_2 发出的两列相干光波（波长为λ）分别经过折射率为 n_1、n_2 的介质，路程分别为 x_1、x_2 后相遇在 P 点，它们的光程差和相位差的关系为

$$\Delta\varphi = 2\pi \frac{n_2 x_2 - n_1 x_1}{\lambda} + \varphi_{02} - \varphi_{01} = 2\pi \frac{\delta}{\lambda} + \varphi_{02} - \varphi_{01} \tag{1-3}$$

式中 φ_{01}、φ_{02} 分别是两列光波的初相位，$\delta = n_2 x_2 - n_1 x_1$ 是两列光波的光程差。

1.2.4 杨氏实验(Young's experiment)

1801 年，托马斯·杨(Thomas Young，英国物理学家、医生)以极简单的装置和巧妙的构思首先实现了光的干涉，并用光的波动性解释了干涉现象。杨氏实验不仅是许多其他光的干涉装置的原型，在理论上还可以从中提取许多重要的概念和启发，无论从经典光学还是现代光学的角度来看，它都具有十分重要的意义。杨氏实验的原理如图 1-5 所示，在普通单色光源前放一狭缝 S，作为单色点光源；S 前又放有与 S 平行而且等距离的两条平行狭缝 S_1 和 S_2。根据惠更斯原理，S_1、S_2 形成两个新的相干光源，由 S_1 和 S_2 发出的光波在空间相遇，产生干涉现象，在屏幕 AC 上形成如图 1-6(a)所示的稳定的明暗相间的干涉条纹。图 1-6(b)是与干涉条纹对应的光强度关于方向角 θ 分布的曲线。历史上，杨氏实验是导致光的波动理论被普遍承认的一个决定性实验。

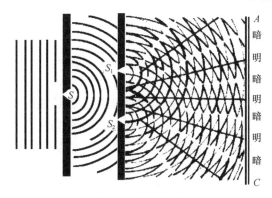

图 1-5　杨氏实验

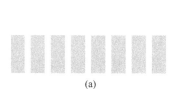　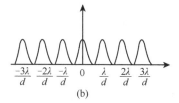

(a)　　　　　　(b)

图 1-6　杨氏双缝干涉条纹

下面分析杨氏双缝干涉条纹。设光源是波长为 λ 的单色光，两缝处的光波同相振动，如图 1-7 所示，设 S_1、S_2 间的距离为 d，其中点为 M，从 M 到屏幕 AC 的距离为 D，且 $D \gg d$。在屏幕上任意取一点 P，P 与 S_1 和 S_2 间的距离分别为 r_1 和 r_2，P 到屏幕的中心点 O 的距离为 x；显然，MO 是 S_1S_2 的中垂线，θ 为 PM 与 MO 之间的夹角。通常情况下，观察到干涉条纹时，θ 很小，满足：$\sin\theta \approx \tan\theta$。因此，由 S_1、S_2 所发出的光波到 P 点的光程差为

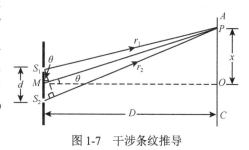

图 1-7　干涉条纹推导

$$\delta = S_2P - S_1P = r_2 - r_1 \approx d\sin\theta \approx d\tan\theta \approx d\frac{x}{D}$$

则两光波在 P 点加强（光强为极大），即 P 点处出现亮条纹的条件是

$$\delta = d\sin\theta = \pm k\lambda, \quad \text{或} \quad x = \pm k\frac{D}{d}\lambda, \quad k=0, 1, 2, \cdots \tag{1-4}$$

式中 k 为干涉的级数，当 $k=0$ 时，$x=0$，即在 O 点处出现亮条纹，称为中央亮条纹或称零级亮条纹。与 $k=1, 2, \cdots$ 对应的亮条纹分别称为第一级，第二级，…亮条纹。式中的正、负号表示条纹在中央亮条纹两侧对称分布。两光波在 P 点互相削弱（光强为极小），即 P 点处出现暗条纹的条件是

$$\delta = d\sin\theta = \pm(2k-1)\frac{\lambda}{2}, \quad \text{或} \quad x = \pm(2k-1)\frac{D}{d}\frac{\lambda}{2}, \quad k=1, 2, 3, \cdots \tag{1-5}$$

与 $k=1, 2, 3, \cdots$ 对应的暗条纹分别称为第一级，第二级，第三级…暗条纹。明暗条纹关于中央亮纹对称分布，由式(1-4)和式(1-5)可算出相邻亮条纹或暗条纹间的距离，即条纹间距为

$$\Delta x = \frac{D}{d}\lambda \tag{1-6}$$

式(1-6)表明：①Δx 与 k 无关，因此干涉条纹是等间距分布的。②由于光波波长 λ 很短，两缝间距 d 必须足够小，从两缝到屏的距离 D 必须足够大，才能使条纹间距 Δx 大到可以用肉眼分辨清楚。③用不同波长的单色光源作实验时，条纹的间距不相同，波长短的单色光，条纹间距小；波长长的单色光，条纹间距大。如果用白光做实验，只有中央亮条纹是白色的，其他各级都是由紫到红的彩色条纹。白光干涉的这一特点提供了判断零级干涉条纹的可能性，在干涉测量中常用到它。

光波传播方向上任一点的光强度 I 通常被定义为该点光振动振幅的平方，即

$$I = A^2 \tag{1-7}$$

在图 1-7 中，由 S_1 和 S_2 发出的两列光波到达光屏 P 点处的合振动可用波的叠加原理求得。P 点的合振幅的平方为

$$A^2 = A_1^2 + A_2^2 + 2A_1 A_2 \cos\Delta\varphi \tag{1-8}$$

式中 $\Delta\varphi = 2\pi(S_2 P - S_1 P)/\lambda = 2\pi\delta/\lambda$ 是两列光波在 P 点的相位差，δ 是光程差。

由式(1-7)和式(1-8)，可得 P 点的光强度

$$I = I_1 + I_2 + 2\sqrt{I_1 I_2}\cos\Delta\varphi \tag{1-9}$$

式中 I_1、I_2 分别是两列光波单独在 P 点的光强度，$2\sqrt{I_1 I_2}\cos\Delta\varphi$ 称为干涉项(interference term)。当相位差 $\Delta\varphi = 2k\pi$ ($k=0$，1，2，3…)时，P 点的光强度得到最大值

$$I_{\max} = I_1 + I_2 + 2\sqrt{I_1 I_2}$$

当相位差 $\Delta\varphi = (2k+1)\pi$，($k=0$，1，2，3…)时，$P$ 点的光强度得到最小值

$$I_{\min} = I_1 + I_2 - 2\sqrt{I_1 I_2}$$

若相位差介于两者之间，则 P 点光强度在两极值之间，由式(1-9)决定。

上面的分析表明：两光波叠加时，强度不能直接相加，即 $I \neq I_1 + I_2$，其大小与相位差 $\Delta\varphi$ 密切相关。换句话说，两光波的叠加引起了强度的重新分布(非均匀分布)，这种因波的叠加而引起光强度的重新分布的现象称为**光的干涉**(interference of light)。在叠加区域内，这种强度分布的整体图像称为**干涉花样**(interference pattern)。

若两光波单独在 P 点产生的光强度相等，即 $I_1 = I_2$，则两光波叠加后在 P 点的光强度

$$I = 2I_1 + 2I_1\cos\Delta\varphi = 2I_1(1+\cos\Delta\varphi) = 4I_1\cos^2\frac{\Delta\varphi}{2} \tag{1-10}$$

式(1-10)表明，此时干涉条纹的光强度随相位差一半的余弦平方而变化，最大值为单独一列光波在该点光强度的 4 倍，而最小值为零。

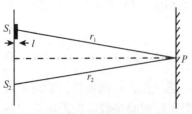

图 1-8 例题 1-1

例题 1-1 如图 1-8 所示，在杨氏双缝实验中，若用 He-Ne 激光(波长为 632.8 nm)直接照射双缝，双缝间距为 0.50 mm，缝和屏幕的相距 2.0 mm。(1)问条纹间距是入射光波长的多少倍？(2)若以折射率 $n=1.3164$，厚度 $l=0.011$ mm 的透明薄膜遮住其中的一缝，问在原来的中央亮纹处，将变为亮条纹还是暗纹？是第几级条纹？

解: (1)由公式(1-6)，$\Delta x = \dfrac{D}{d}\lambda$，得

$$\frac{\Delta x}{\lambda} = \frac{D}{d} = \frac{2.0}{0.5 \times 10^{-3}} = 4000 \text{ 倍}$$

(2)未遮薄膜时，中央亮纹处的光程差为 $\delta = r_1 - r_2 = 0$；遮上薄膜后，光程差为

$$\delta' = r_1 - l + nl - r_2 = (n-1)l$$

比较此处的光程差与入射光波长的比值，可判断此处是亮条纹还是暗纹，是第几级条纹。

$$\frac{\delta'}{\lambda/2} = \frac{(n-1)l}{\lambda/2} = \frac{(1.3164-1) \times 0.011 \times 10^{-3}}{6.328 \times 10^{-7}/2} = 11 = 2 \times 6 - 1$$

上式表明，此处的光程差是入射光半波长的奇数(2×6−1)倍，因此原来的中央亮纹处将变为暗条纹，是第6级暗条纹。

在临床上，利用杨氏干涉原理已研制成对比灵敏度检测仪。它将激光分成两束经过瞳孔直接投射到眼底上，在网膜上形成不同频率，不同亮度的干涉条栅。通过测定各种条栅频率下的对比度阈值可以绘制出受试者视觉系统的对比敏感度函数，对疾病的诊断提供一定的帮助。

1.2.5 劳埃德镜实验(Lloyd's mirror experiment)

劳埃德(H. Lloyd，1800～1881)提出了一种更简单的观察干涉现象的装置，即劳埃德镜，如图1-9所示。KL 为一块背面涂黑的玻璃片(劳埃德镜)。从狭缝 S_1 射出的光，一部分直接射到屏幕 E 上，另一部分经玻璃面 KL 反射后到达屏幕上，反射光可看成是由虚光源 S_2 发出的。这也是来自同一光源的两束光，因此 S_1、S_2 构成一对相干光源，能在相干光叠加区域(阴影区域)的屏幕 E 上观察到明暗相间的干涉条纹。

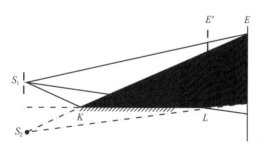

图1-9 劳埃德镜实验

若把屏幕移到和镜端相接触的位置 $E'L$ 上时，在屏幕和镜面的接触处 L，从光程来看，$S_1L = S_2L$，可以预料 L 处应为亮纹，实际上该处是暗纹。这表明，直接射到屏幕上的光与由镜面反射出来的光在 L 处的相位相反，即相位差为 π。由于直接射到屏幕上的光不可能有这个变化，所以只能认为光从空气射向玻璃发生反射时，反射光发生了大小为 π 的相位突变。因此可以得出这样一个结论：光从光疏媒质(折射率小)向光密媒质(折射率大)表面入射时，反射光的位相改变 π，它相当于光多(或少)传播半个波长的距离，这种现象称为**半波损失**(half-wave loss)。

劳埃德镜实验不仅显示了光的干涉现象，证实了光的波动性，而更重要的是它证明了光由光疏介质射向光密介质表面发生反射时，反射光会发生半波损失。其干涉图样仍为

明暗相间的干涉条纹，除 L 处为暗纹外，其他干涉条纹只分布在 L 点的一侧，而杨氏双缝干涉条纹是对称地分布在零级亮纹的两侧。

1.2.6　薄膜干涉

在日常生活中，我们可以观察到太阳光照在肥皂膜、水面的油膜以及其他薄膜上会出现彩色花纹，这就是薄膜干涉现象。光波照射透明薄膜时，在膜的前后两个表面都有部分光被反射，这些反射光来自于同一光源，只是经历了不同的路径而有恒定的相位差，因此它们是相干光，在相遇时将会产生干涉现象，称为**薄膜干涉**(thin-film interference)。

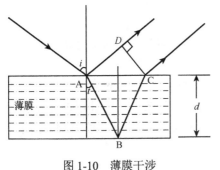

图 1-10　薄膜干涉

如图 1-10 所示，薄膜厚度为 d，折射率为 n_2，膜周围的介质的折射率为 n_1。设 $n_2 > n_1$。入射光到达膜的前表面时，一部分被反射，由于 $n_2 > n_1$，这部分反射光有半波损失；另一部分进入薄膜，在膜的后表面被反射回来再经前表面折射而出，穿越薄膜的反射光要比直接反射的光多走一段光程。前后表面反射的两束反射光的光程差为

$$\delta = n_2(AB + BC) - n_1 AD - \lambda / 2$$

由图 1-7，运用折射定律和几何学知识可得：$AB = BC = d / \cos t$，又

$$n_1 AD = n_1 AC \sin i = (2d \tan t) n_2 \sin t = 2n_2 d \sin^2 t / \cos t$$

$$= 2n_2 d (1 - \cos^2 t) / \cos t$$

而

$$n_2 \cos t = \sqrt{n_2^2 - n_2^2 \sin^2 t} = \sqrt{n_2^2 - n_1^2 \sin^2 i}$$

最后整理得

$$\delta = 2d \sqrt{n_2^2 - n_1^2 \sin^2 i} - \lambda / 2$$

两束反射光在相遇点是亮(互相加强)还是暗(互相削弱)的条件是

$$\delta = 2d \sqrt{n_2^2 - n_1^2 \sin^2 i} - \lambda / 2$$

$$= \begin{cases} k\lambda & \text{(亮)} \\ (2k+1)\dfrac{\lambda}{2} & \text{(暗)} \end{cases} \quad (k = 0, 1, 2, 3, \cdots) \tag{1-11}$$

在薄膜干涉的实际应用中，采用最多的是正入射方式，即 $i=0$。由式(1-11)知，此时两反射光互相加强(亮)或互相削弱(暗)的条件是

$$n_2 d = \begin{cases} (2k+1)\dfrac{\lambda}{4} & \text{(亮)} \\ 2k\dfrac{\lambda}{4} & \text{(暗)} \end{cases} \quad (k = 0, 1, 2, 3, \cdots) \tag{1-12}$$

由式(1-12)知，正入射方式下，当薄膜的光学厚度($n_2 d$)等于四分之一波长($\lambda / 4$)的整数倍时，反射光强将出现极值；是极小值(反射光互相削弱)，还是极大值(反射光互相加强)有赖于薄膜外的介质。当薄膜折射率小于膜外介质的折射率时，虽然前表面的反射没

有半波损失，但后表面的反射却有半波损失，因此削弱和加强的条件仍然适用。如果薄膜的折射率介于前后介质的折射率之间，则加强和削弱的条件就要对调一下。

例题 1-2　为提高成像质量，照相机的透镜上可镀一层增透膜（也称为减反射膜），以减少表面的反射，使更多的光进入透镜。常用的镀膜物质是氟化镁（MgF_2），其折射率 $n=1.38$。如果要使可见光谱中 $\lambda =550$ nm 的光有最小反射，问膜的最小厚度应是多少？

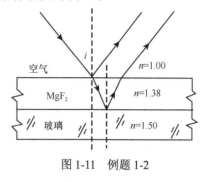

图 1-11　例题 1-2

解：光线入射照相机镜头，可视为正入射，（图 1-11 中入射角接近于零）。由于两次反射都有半波损失，因此两反射光波互相削弱的条件是

$$nd = (2k+1)\frac{\lambda}{4}$$

当 $k=0$ 时，得膜的最小厚度，即

$$d = \frac{\lambda}{4n} = \frac{550}{4\times 1.38} = 99.6\text{nm}$$

由于被削弱的波长是可见光谱中的黄绿色部分，其他颜色仍有部分被反射，因此镀膜后的透镜表面为蓝紫色。

以上讨论的干涉条件是针对单色光而言。如果光源是白光，则某一种色光加强时，其他色光将有不同程度的削弱。如果薄膜厚度不均匀，反射光颜色随厚度变化。吹肥皂泡时看见的颜色变化，正是由薄膜厚度变化所引起的。

§1.3　光 的 衍 射

光的衍射是光的波动性的又一重要特征。光波绕过障碍物的边缘传播的现象叫做**光的衍射**（diffraction of light）。衍射后所形成的明暗相间的图样称为衍射图样。衍射系统由光源、衍射屏（障碍物）和接收屏幕（观察屏）组成，通常按它们相互间距离的大小，将衍射现象分为两类：一类是**菲涅耳衍射**（Fresnel diffraction），即光源和接收屏幕（或二者之一）与衍射屏之间的距离是有限远的一类衍射；另一类是**夫琅禾费衍射**（Fraunhofer diffraction），即光源和接收屏幕与衍射屏之间的距离都是无限远的一类衍射。下面的讨论只限于夫琅禾费衍射。

1.3.1　单缝衍射

单缝衍射的实验装置如图 1-12 所示。光源 S 放在透镜 L_1 的焦点上，观察屏 E 放在透镜 L_2 的焦平面上。当平行光垂直照射到狭缝 K 上时，屏幕 E 上将出现明暗相间的衍射图样。

当光源 S 是单色光源时，其衍射图样是一组与狭缝平行的明暗相间的条纹，正对狭缝的是中央亮纹，两侧对称分布着各级明暗条纹。条纹的分布是不均匀的，中央亮纹光强最大亦最宽，其他亮纹的光强迅速下降且随着级数的增大逐渐减小，如图 1-13 所示。图中的曲线表示光强的分布，光强的极大值和极小值与各级明暗条纹的中心相对应。

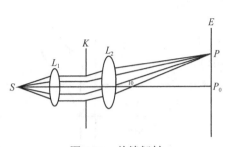

图 1-12　单缝衍射

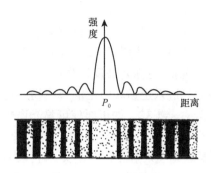

图 1-13　单缝衍射图样

下面用半波带法分析单缝衍射。如图 1-14(a) 所示，设单缝的宽度为 a，入射光的波长为 λ。根据惠更斯原理，当平行光正入射到狭缝上时，位于狭缝所在处的波阵面 AB 上的每一点都是一个新的波源，向各个方向发射子波，狭缝后面空间任意一点的光振动，都是这些子波传到该点的振动的相干叠加，其加强或减弱的情况，决定于这些子波到达该点时的光程差。假设衍射角为 θ 的一束平行光，经过透镜 L_2 聚焦在屏幕 E 上的 P 点，从 A 点作 AC 垂直于 BC，通过单狭缝的两边缘光线之间的光程差为

$$BC=a\sin\theta$$

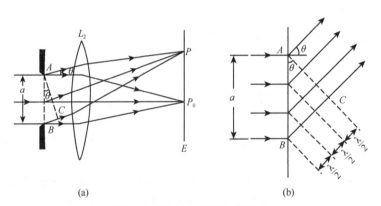

(a)　　　　　　　　　　　(b)

图 1-14　单缝衍射条纹的形成

P 点的明暗程度完全决定于光程差 BC 的量值。当衍射角 $\theta=0$ 时，各衍射光沿原方向传播，光程差 $BC=0$，通过透镜后聚焦在屏幕的中心 P_0，这就是中央亮纹的中心位置，该处光强最大。因此，中央亮纹的中心位置是

$$\theta=0 \quad (\text{中央亮纹中心}) \tag{1-13}$$

随着衍射角 θ 的增大，同一方向的平行衍射光到达光屏时的位相就不完全一样。如果这个光程差 BC 刚好等于入射光的半波长的整数倍，可作一些平行于 AC 的平面，使两相邻平面之间的距离都等于 $\lambda/2$，这些平面将把单缝处的波阵面 AB 分为整数个面积相等的部分，每一个部分称为一个半波带，如图 1-14(b) 所示。由于各个半波带的面积相等，因而各个半波带发出的子波在 P 点所引起的光振幅接近相等，而相邻两半波带上的任何两个对应点发出的子波在 P 点的光程差都是 $\lambda/2$，即相位差为 π。因此相邻两半波带发出的子波，在 P 点合成时将互相抵消。这样如果 BC 等于半波长的偶数倍时，单缝处的波阵面 AB 可分为偶数个半波带，则由于一对相邻的半波带发出的光都分别在 P 点相互抵消，所以合

振幅为零，P 点应是暗条纹的中心。因此，暗条纹(光强极小值)的条件是

$$a\sin\theta = \pm 2k\frac{\lambda}{2}, \quad k=1，2，3，\cdots(暗纹中心) \tag{1-14}$$

式中 k 为衍射的级数，下同。如果 BC 等于半波长的奇数倍，单缝处的波阵面 AB 可分为奇数个半波带，则一对对相邻的半波带发出的光分别在 P 点相互抵消后，还剩一个半波带发出的光到达 P 点合成，这时 P 点应为亮条纹的中心。因此，亮条纹(光强极大值)的条件是

$$a\sin\theta = \pm(2k+1)\frac{\lambda}{2}, \quad k=1，2，3，\cdots(亮纹中心) \tag{1-15}$$

显然，衍射角 θ 越大，半波带面积越小，亮纹光强就越小，即衍射级次越高的亮纹，其光强越小。对于任意其他的衍射角 θ，BC 一般不能恰好等于半波长的整数倍，AB 亦不能分成整数个半波带，此时，衍射光束形成介于最明和最暗之间的中间区域。

通过上面的分析，可以发现单缝衍射花样具有如下特点：

(1)各级衍射亮条纹的光强不相等，中央亮纹的光强最大，其他级次的亮纹的光强远小于中央亮纹的光强，并随着衍射级数 k 的增大而很快地减小。

(2)亮条纹到透镜中心所张的角度称为角宽度。在 θ 角较小时，由式(1-14)可得屏上各级暗纹到中心的角宽度为

$$\Delta\theta \approx \sin\theta = k\frac{\lambda}{a}$$

中央亮纹是以 $k=\pm 1$ 的暗纹为界线的，故中央亮纹的角宽度为

$$\Delta\theta_0 = 2\frac{\lambda}{a} \tag{1-16}$$

而其他亮纹是以其相邻的两暗纹($k+1$，k)为界线的，故其他亮纹的角宽度为

$$\Delta\theta = (k+1)\frac{\lambda}{a} - k\frac{\lambda}{a} = \frac{\lambda}{a}$$

由此可见，中央亮纹的角宽度是其他亮纹角宽度的 2 倍。

(3)缝宽 a 对衍射花样的影响。由上知，中央亮纹的半角宽度为

$$\Delta\theta = \frac{\lambda}{a} \tag{1-17}$$

上式称为衍射反比律。它揭示出，中央亮纹的半角宽度与波长成正比，与缝宽成反比。缝越窄，衍射越显著；缝越宽，衍射越不明显。当 $a \gg \lambda$ 时，$\Delta\theta \to 0$，各级衍射条纹亦向中央靠拢，密集得无法分辨，只能观察到一条亮条纹，这条亮条纹相应于从单缝射出的光经直线传播后由透镜 L_2 所成的像。由此可见，当 $\lambda \ll a$ 时，衍射现象可忽略，光表现出直线传播现象；反之，波长 λ 愈大或缝宽 a 愈小，衍射现象就愈显著。所以，从理论高度上看，可将几何光学作为波动光学在 $\lambda \ll a$ 情况下的近似。

(4)式(1-17)包含着深刻的物理意义，首先，它反映了障碍物与光波之间限制与扩展的辩证关系，限制范围越紧，扩展现象愈显，在何方限制，就在何方扩展。其次，它包含着放大，因为缝宽 a 减小，$\Delta\theta$ 就增大，不过这不是通常的几何放大，而是一种光学变换放大。这正是激光测径和衍射用于物质结构分析的基本原理。

若以白光照射，中央亮纹将是白色的，而其两侧则呈现出一系列由紫到红的彩色条纹。

图 1-15　圆孔衍射图样

1.3.2　圆孔衍射

在图 1-12 所示的单缝衍射装置中，如果用一直径为 D 的小圆孔代替狭缝，那么在光屏上就可得到如图 1-15 所示的圆孔衍射的图样。图样的中央是一明亮的圆斑，周围是一组明暗相间的同心圆环。由第一暗环包围的中央亮斑称为艾里斑（Airy disk）。

理论计算表明，艾里斑的光强占整个衍射光强的约 84%，其半角宽度（第一暗环对通过圆孔中心的法线的夹角）为

$$\Delta\theta \approx \sin\theta = 1.22\frac{\lambda}{D} \qquad (1\text{-}18)$$

若透镜 L_2 的焦距为 f，则屏上艾里斑的半径为

$$r \approx f\tan\theta \approx f\sin\theta = 1.22f\frac{\lambda}{D} \qquad (1\text{-}19)$$

由此可见，圆孔愈小或波长愈长，所得艾里斑也越大，衍射现象越明显。

比较一下圆孔衍射的中央亮纹（艾里斑）的半角宽度和单缝衍射的中央亮纹的半角宽度。由式(1-18)和式(1-17)可知，除了一个反映几何形状不同的因数 1.22 外，在定性方面是一致的。即当波长 λ 远远小于障碍物（此处是缝宽 a 和圆孔 D）时，衍射现象可忽略；反之，波长 λ 愈大或障碍物愈小，衍射现象就愈显著。

圆孔衍射对大多数光学仪器具有普遍意义，因为许多光学仪器的通光孔是圆形的，由此而产生的衍射图样将直接影响光学仪器的成像质量和分辨能力。在光学仪器的生产过程中，常用圆孔衍射现象来检验透镜的质量。

例题 1-3　估算眼睛瞳孔的艾里斑的大小。

解：人的瞳孔基本上是圆孔，直径 D 在 2～8mm 之间调节。取波长 $\lambda=0.55\mu m$，$D=2mm$，由式(1-18)可知艾里斑的半角宽度为

$$\Delta\theta = 1.22\frac{\lambda}{D} = 1.22 \times \frac{0.55 \times 10^{-3}}{2} = 3.4 \times 10^{-4}\,\text{rad} \approx 1'$$

人眼基本上是球形，新生婴儿眼球的直径约为 16 mm，成年人眼球的直径约为 24 mm。我们取 $f \approx 20$ mm，由式(1-19)可估算出视网膜上艾里斑的直径为

$$d \approx 2f\tan\theta \approx 2f\theta = 2 \times 20 \times 10^3 \times 3.4 \times 10^{-4} = 13.6\ \text{mm}$$

在 $1mm^2$ 的视网膜面元中，可以布满约 540 个艾里斑。

1.3.3　光学仪器的分辨本领

利用光学系统观察物体时，根据几何光学原理，光线直线传播，只要消除了各种像差，则每一物点都对应一个像点，因而，物面上无论怎样微小的细节都可在像面上详尽无遗地反映出来。但是，由于衍射现象的存在，要详尽无遗地反映出来物面的细节是不可能的。实际上，每个物点所成的像都是一个有一定大小的衍射光斑，而不是一个几何点。若两物点靠得太近，它们的像（衍射光斑）彼此重叠，变得模糊不清。因此，衍射现象限制了光学系统分辨物体细节的能力。光学系统能分辨开两物点的最短距离称为分辨极限，它的倒数

叫做光学系统的**分辨本领**(resolving power)。

　　设光学系统的通光口径为圆形光阑,由上面光的衍射知识知道,在夫琅禾费圆孔衍射的情况下,两物点 A_1 和 A_2 发出的光线经光学系统 L 后在光屏上所成的像实际上是两个衍射图样 A_1' 和 A_2',每个衍射图样的中央是一明亮的圆斑(艾里斑),周围是一组明暗相间的同心圆环。设两个衍射图样的中央亮斑中心(艾里斑圆心)的间距为 d、单个中央亮斑(艾里斑)的半径为 r_0。若物点 A_1 和 A_2 相距较远,则相应的两个像 A_1' 和 A_2' 亦相距较远,当 $d > r_0$ 时,一个艾里斑的圆心必在另一艾里斑半径之外,并且在它们光强度的合成曲线中,两最大光强之间有一极小光强,此时,很容易分辨出两个物点所成的像,如图 1-16(a) 所示。当物点 A_1 和 A_2 太靠近时,则相应的两个像 A_1' 和 A_2' 亦相距较近,当 $d < r_0$ 时,一个艾里斑的圆心必在另一艾里斑半径之内,此时,从合成的衍射图样中或合成的光强度曲线中均无法分辨出有两个像斑,即光学系统不能分辨出相应的两个物点,如图 1-16(c) 所示。那么,如何判定两物点所成像恰能被分辨呢?通常采用**瑞利判据**(Rayleigh's criterion)作为两个像恰能被分辨的标准,即:在两物点所成的两个像(衍射图样)之间,当一个衍射图样的中央亮斑中心(艾里斑圆心)刚好落在另一个衍射图样的中央亮斑的边缘(艾里斑圆周,即一级暗纹)上时,即 $d = r_0$,就算两个像刚刚能被分辨。此时,相应的两物点之间的距离就是光学系统所能分辨的两物点间的最短距离,而两物点对光学系统主光轴的夹角 θ_0 则是光学系统的最小分辨角,如图 1-16(b) 所示。计算表明,满足瑞利判据时,其总光强分布曲线中两最大光强之间的凹处的强度约为每一最大光强的 80%,一般人眼是刚刚能够分辨这种光强差别的。这时两像斑中心的角距离 θ_0 等于每个艾里斑的半角宽度 $\Delta\theta$。考虑到式 (1-18),得

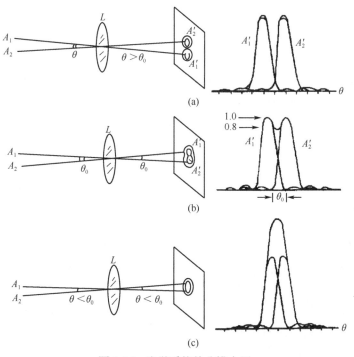

图 1-16　光学系统的分辨本领

$$\theta_0 = 1.22\lambda / D \tag{1-20}$$

θ_0 称为光学系统的最小分辨角。此式表明，对于无限远的物点，通过圆形通光孔成像的光学系统，其通光孔径越大，能分辨开的两物点的角距离越小，分辨本领越大；所用光波的波长越短，分辨本领也越大。

1.3.4 光栅衍射

广义地说，任何具有空间周期性的衍射屏都可以叫做**衍射光栅**(diffraction grating)。狭义而言，平行、等宽、等间隔的多狭缝即为衍射光栅。光栅有两种，一种是用于透射光衍射的透射光栅，另一种是用于反射光衍射的反射光栅，它们在结构上的共同特征是由一系列衍射单元重复排列而成。在一块很平的玻璃片上，用金刚石刀尖或电子束刻出一系列等宽等距的平行刻痕，刻痕处因漫反射而不易透光，相当于不透光的部分，未刻过的地方相当于透光的狭缝，这样就做成了透射光栅。实用的光栅每毫米内有几十条、上千条甚至上万条刻痕，由此可见，刻划光栅是一件很难的技术，原刻的光栅是非常贵重的，实验室中通常使用的是复制的光栅。现在也经常利用全息摄影法来制造光栅，即在全息底板上记录一组等宽、等间隔的平行干涉条纹。光栅是现代光学仪器中的重要光学元件。

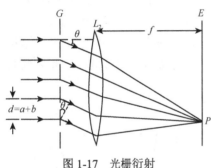

图 1-17 光栅衍射

图 1-17 是光栅衍射的原理示意图，设缝的宽度为 a、两缝间不透光部分的宽度为 b，两者之和，即 $d=a+b$ 称为**光栅常数**(grating constant)。当平行光垂直照射到光栅 G 上时，光栅上的每一条狭缝都将在屏幕 E 的同一位置上产生单缝衍射的图样，又由于各条狭缝都处在同一波阵面上，所以各条狭缝的衍射光也将在屏幕 E 上相干叠加，结果在屏幕 E 上形成了光栅的衍射图样。光栅衍射图样是单缝衍射和多缝干涉的总效果。

在衍射角为任意角 θ 的方向上，从任意相邻两狭缝相对应点发出的光到达 P 点的光程差都是 $d\sin\theta$。由波的叠加规律可知，当 θ 满足

$$d\sin\theta = \pm k\lambda, \quad (k=0,\ 1,\ 2,\ \cdots) \tag{1-21}$$

时，通过所有的缝发出的光到达 P 点时都是同相的，它们将彼此加强，形成亮条纹。式(1-21)称为**光栅方程**(grating equation)。式中 k 表示亮条纹的级数，$k=0$ 的亮条纹称为中央亮条纹(或零级像)，$k=1$，2，…时分别称为第一级亮条纹(像)、第二级亮条纹(像)…。只有在满足光栅方程的那些特殊方向上，通过各缝发出的光才能彼此都加强。因此，光栅各级亮条纹细窄而明亮。

由光栅方程可以看出，光栅常数愈小，各级亮条纹的衍射角就愈大，即各级亮条纹分得愈开。对光栅常数一定的光栅，入射光波长愈大，各级亮条纹的衍射角也愈大。如果是白光入射，则除中央亮条纹外，其他各级亮条纹都按波长不同各自分开，形成**光栅光谱**(grating spectrum)。通过光栅光谱可以了解原子、分子的内部结构，还可以了解物质由哪些元素组成及每种元素所占的百分比，因此光栅已成为光谱分析仪器的核心部件。

满足光栅方程只是产生亮条纹的必要条件，若 θ 角同时满足光栅方程式(1-21)和单缝衍射暗纹的条件式(1-14)，则在光栅衍射图样上便缺少这一级亮条纹，这一现象称为光栅

的**缺级**(missing order)。所缺的级数 k，可由式(1-21)和式(1-14)推得，即

$$d\sin\theta = \pm k\lambda, \quad a\sin\theta = \pm k'\lambda$$

整理得

$$k = \pm\frac{d}{a}k', \quad k'=1, 2, 3, \tag{1-22}$$

例如，当 $d=3a$ 时，则缺级的亮条纹级数为 ±3，±6，$\pm9\cdots$。

例题 1-4 有一光栅，它每毫米包含有 400 条狭缝，其透光与不透光部分之比为 1:2。如果用波长为 600 nm 的黄光照明，那么可以观察到哪些衍射亮纹?

解：由题意知，$d = a+b = \frac{1}{400}\text{mm} = 2.5\times10^3\text{nm}$

由光栅方程式(1-21)：$d\sin\theta = \pm k\lambda$，得

$$\sin\theta = \pm k\frac{\lambda}{d} = \pm k\frac{600}{2.5\times10^3} = \pm k\times0.24$$

当 $k=0,1,2,3,4$ 时，则对应的衍射角 $\theta=0°$，$\pm14°$，$\pm29°$，$\pm46°$，$\pm74°$；而当 $k=5$ 时，$\sin\theta = 1.2$，已无意义。因此，由光栅方程推知，可能观察到的衍射亮纹是：0，±1，±2，±3，±4 级。另外，还要考虑光栅的缺级现象。

又由题意知，$a/b=1/2$，故有 $d/a=3$。于是由式(1-22)知，缺级的亮条纹级数为 ±3，$\pm6\cdots$。

综合起来考虑，能够观察到的衍射亮纹是：0，±1，±2，±4 级。

§1.4 光 的 偏 振

干涉和衍射现象证实了光的波动性，但不能说明光波是纵波还是横波。而光的偏振现象则证实了光的横波性质。

1.4.1 自然光与偏振光

光波是一种电磁波，电磁波的电场强度矢量 E 和磁场强度矢量 H 的振动方向都垂直于波的传播方向 v，并且它们之间也互相垂直，因此光波是横波，具有偏振特性。历史上，马吕斯(E. L. Malus)早在 1809 年就在实验上发现了光的偏振现象。在光波的电矢量 E 和磁矢量 H 中，能引起感光作用和生理作用的主要是电矢量 E，所以一般把电矢量 E 称为光矢量，把电矢量 E 的振动称为光振动，并以它的振动方向代表光的振动方向。

普通光源发出的光波是由大量互不相干的间歇波列组成的。虽然每个波列具有确定的振动方向，但是，由这些波列组成的光束在振动方向上随时间作无规则变化。在任何时刻，若光矢量在垂直于光传播方向的平面内可以取所有可能的方向，且没有哪一个方向比其他方向更占优势，也就是说，在所有可能的方向上的光矢量的振动次数和振幅的时间平均值相等，这样的光称为**自然光**(natural light)，如图 1-18(a)所示。普通光源发出的光都是自然光。任何一个方向的光振动矢量均可分解为两个相互垂直的分量，因此，可以认为自然光是由两组振动方向相互垂直、强度相等(各等于自然光强度的一半)的光波组成，如图 1-18(b)所示。必须注意，自然光中各光矢量之间无固定的相位关系，因而任何两个光矢量

不能合成为一个单独的光矢量。通常，用图 1-18(c)所示来表示自然光。

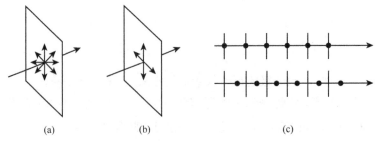

(a)　　　　　　　　(b)　　　　　　　　(c)

图 1-18　自然光的图示法

如果利用某种方法，将自然光中光振动矢量相互垂直的两组光波分开，就能得到光振动方向完全限于某一平面的光波。这种光振动矢量只在某一平面内沿某一确定方向振动的光，称为**平面偏振光**(plane polarized light)，亦称为**线偏振光**(linear polarized light)，简称偏振光，如图 1-19 所示。偏振光的振动方向和光的传播方向构成的平面称为偏振光的振动面，与振动面垂直而且包含有传播方向的平面称为偏振面。

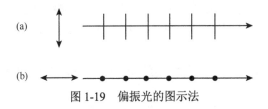

图 1-19　偏振光的图示法

除了平面偏振光外，还有一种偏振光，它的光矢量随时间作有规律的变化，光矢量的末端在垂直于传播方向的平面上的轨迹呈现出椭圆或圆，这样的光称为**椭圆偏振光**(elliptical polarization light)或**圆偏振光**(circular polarization light)。

介于线偏振光和自然光之间还有一种**部分偏振光**(partial polarization light)，它的光矢量在某一确定方向上最强，其他方向上较弱，如图 1-20 所示。

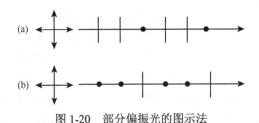

图 1-20　部分偏振光的图示法

1.4.2　马吕斯定律

自然光通过某些装置后会变成偏振光。能够把自然光变成偏振光的装置叫做**起偏器**(polarizer)。起偏器的作用像一个滤板，它只让光波中沿某一特定方向振动的成分通过，因此通过起偏器后的光波即成为在该特定方向振动的偏振光。

人眼不能分辨光波的振动方向，无法辨别自然光和偏振光。用于检测光波是否偏振并确定其振动方向的装置称为**检偏器**(analyser)。由起偏器和检偏器的作用可知，起偏器可作为检偏器使用，同样地，检偏器也可作为起偏器使用。

在图 1-21 中，用两块圆片 P 和 A 分别表示起偏器和检偏器。假设光波在通过起偏器和检偏器时，只有那些在片中平行线的方向上振动的光矢量才能通过，这个方向称为起偏器（或检偏器）的透射轴（XX）。在图 1-21(a)中，自然光通过 P（P 的透射轴在水平方向）后，变成水平方向振动的偏振光；因为 A 和 P 的透射轴是一致的，所以自然光通过 P 后变成的偏振光也能通过 A，在 A 后面的视场变得明亮。如果把 A 绕光波传播方向旋转，A 后面的视场会由明变暗；当旋转 90°时，即 A 的透射轴方向和 P 的透射轴方向相互垂直，如图 1-21(b)所示，则通过 P 后的偏振光不能通过 A，A 后面的视场将完全变暗，这种现象称为**消光**（extinction）。

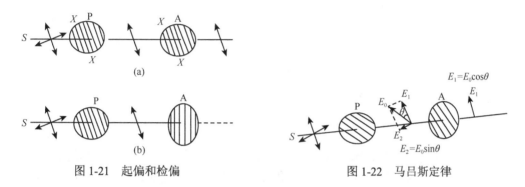

图 1-21　起偏和检偏　　　　　　　图 1-22　马吕斯定律

如果检偏器 A 和起偏器 P 的透射轴既不互相平行，也不互相垂直，而是成一个角度 θ，如图 1-22 所示，那么只有部分光波可以通过 A。假设通过 P 后的平面偏振光的振幅为 E_0，我们可以将它分解为沿 A 透射轴方向和垂直于这个方向的两个分量 E_1 和 E_2。显然，只有分量 E_1 才能通过检偏器 A。在不考虑反射和吸收的情况下，E_1 的量值是：$E_1 = E_0 \cos\theta$。因此，通过 A 的偏振光的强度 I 和通过前的强度 I_0 有如下的关系：

$$\frac{I}{I_0} = \frac{E_1^2}{E_0^2} = \frac{E_0^2 \cos^2\theta}{E_0^2} = \cos^2\theta$$

由此得

$$I = I_0 \cos^2\theta \tag{1-23}$$

这一公式称为**马吕斯定律**（Malus law）。它指出，通过检偏器的偏振光的强度与检偏器的透射轴的方向有关，如果透射轴方向与入射光振动方向之间的角度为 θ，则通过它的光强与 $\cos^2\theta$ 成正比。

由式(1-23)可见，当 $\theta = 0°$ 或 180° 时，$I = I_0$，光强最大；当 $\theta = 90°$ 或 270° 时，$I = 0$，没有光从检偏器射出，这就是两个消光位置；当 θ 为其他值时，光强 I 介于 0 和 I_0 之间。

当用检偏器检验部分偏振光时，透射光的强度随其透射轴的方向而变，设透射光强度的极大值和极小值分别为 I_{max} 和 I_{min}，则两者相差越大，就说明该部分偏振光的偏振程度越高，通常用**偏振度**（degree of polarization）P 来描述部分偏振光的偏振程度，它的定义为

$$P = \frac{I_{max} - I_{min}}{I_{max} + I_{min}} \tag{1-24}$$

显然，对于自然光有 $I_{max} = I_{min}$，$P = 0$；对于线偏振光 $I_{min} = 0$，$P = 1$，即线偏振光是偏振度最大的光，故线偏振光亦称为全偏振光。

1.4.3 反射和折射时光的偏振

有许多方法可以从自然光中产生偏振光。自然光在两种各向同性介质的分界面发生反射和折射时，反射光和折射光一般都是部分偏振光。在反射光中垂直于入射面的光振动强于平行入射面的光振动，而在折射光中，平行入射面的光振动强于垂直入射面的光振动，如图 1-23 所示。

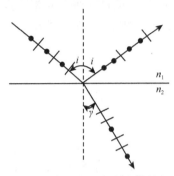
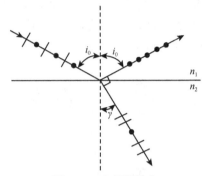

图 1-23 反射光和折射光的偏振   图 1-24 布儒斯特角

1812 年，布儒斯特(D. Brewster 1781～1868)首先从实验中发现，反射光的偏振化程度和入射角有关。当入射角 i_0 和折射角 γ 之和等于 90° 时，即反射光和折射光相互垂直时，反射光即成为光振动垂直于入射面的完全偏振光(如图 1-24 所示)，这时的入射角称为**布儒斯特角**(Brewster's angle)或起偏角。根据折射定律有

$$n_1\sin i_0 = n_2\sin\gamma = n_2\cos i_0$$

即

$$\tan i_0 = \frac{n_2}{n_1} \tag{1-25}$$

式(1-25)称为**布儒斯特定律**(Brewster's law)。当自然光以布儒斯特角入射到介质表面时，其反射光为平面偏振光(光振动垂直于入射面)，折射光是部分偏振光。入射光中平行于入射面的光振动全部被折射，垂直于入射面的光振动也大部分被折射，而反射的仅是其中的一部分。因此，反射光虽然是完全偏振的，但光强较弱；而折射光虽然是部分偏振的，光强却很强。

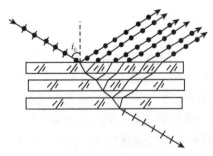

图 1-25 玻璃片堆

实际应用中，常用玻璃片堆作起偏器。以布儒斯特角入射玻璃片时，反射光是完全偏振光，但光强较弱，仅占入射自然光总能量的约 7%。且改变了光的传播方向，在应用上不方便。常常利用折射光，虽然折射光是部分偏振光，但如果让自然光以布儒斯特角入射且连续通过许多相互平行的玻璃片堆，如图 1-25 所示，光线经过多个界面的反射和折射，折射光的偏振程度越来越高。当玻璃片足够多时，最后的折射光变成完全偏振光，折射光的振动面就是折射面。因此，玻璃片堆可以用作起偏器或检偏器。

1.4.4 光的双折射

当一束光线在各向同性介质(如玻璃、水等)的表面折射时，折射光线只有一束，而且遵守折射定律。但是，当一束光在各向异性介质(如方解石晶体)的表面折射时，折射光线将分为两束，且沿不同方向传播，这种现象叫做光的**双折射**(double refraction 或 birefringence)。例如，当我们透过透明的方解石晶体($CaCO_3$)观察书上的字迹时，可以看到字迹的双重像，如图1-26所示。

在双折射产生的两束折射光中，一束光总是遵守折射定律，这束光称为**寻常光**(ordinary ray)，简称o光。另一束光则不遵守折射定律，它不一定在入射面内，而且对不同的入射角i，$\sin i/\sin \gamma$ 的量值也不是常量，这束光称为**非常光**(extraordinary ray)，简称e光。在入射角$i=0$时，o光沿原方向传播，e光一般不沿原方向传播。此时如果把晶体绕光的入射方向慢慢转动，o光始终不动，e光则随着晶体的转动而转动，如图1-27所示。

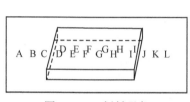

图1-26 双折射现象

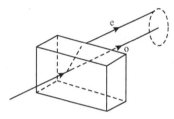

图1-27 o光和e光

自然光通过晶体的双折射可以产生质量较高的线偏振光。利用晶体的双折射现象已制作了许多精巧的棱镜，用以获得线偏振光。

1.4.5 二向色性

有些晶体不仅能产生双折射，而且对寻常光(o光)和非常光(e光)具有不同的吸收本领(选择吸收)，这种特性称为**二向色性**(dichroism)。例如电气石晶体，它对o光有强烈的吸收作用，而对e光则吸收很少。一般在1 mm厚的电气石晶体内几乎就能把o光全部吸收掉，而e光只略微被吸收。自然光通过这样的晶体片后，就变成了偏振光。因此电气石晶体也可用作起偏器或检偏器。除电气石晶体外还有一些有机化合物晶体，如碘化硫酸奎宁等亦具有二向色性。用具有二向色性的晶体可以制成偏振片，已在实际中广泛使用。

1.4.6 偏振片在眼视光临床上的应用

1. 滤光片

偏振片能阻挡某一方向振动的光，减弱透过的光强，可用来当作滤光片。

2. 太阳镜

偏光太阳镜(偏振片)提供了另外一种保护眼睛的机理。由§1.4.3知，反射光具有偏振性。对于道路(水面、雪地等)反光问题，振动方向平行于路面，使用偏振眼镜能阻止这些反射光的通过。这样，大部分的反射光就被消除掉了，而周围环境的整个照明度并未减少。最适合强光下户外运动(海上活动、滑雪或钓鱼等)时使用，以减轻眼睛调节造成的疲劳或强光刺激造成的伤害。

3. 分像镜片

常用偏振片来达到分像的目的(如立体视检查本)。偏振片已广泛应用于眼视光的各种诊疗仪器中，如立体视检查本、综合验光仪、眼底镜、同视机等。

§1.5 光 的 散 射

在光学性质均匀的介质中或两种折射率不同的均匀介质的界面上，无论光的直射、反射或折射，都仅限于在特定的方向上(遵从几何光学规律的光线)，而在其余方向光强则等于零。例如我们沿光束的侧向进行观察就看不到光，但当光束通过光学性质不均匀的物质时，从侧向却可以看到光，这个现象叫做**光的散射**(light scattering)。

散射会使光在原来传播方向上的光强减弱，它遵从下列指数规律

$$I = I_0 \exp[-(\alpha_a + \alpha_s)] \tag{1-26}$$

式中 α_a 是吸收系数，α_s 是散射系数，其两者之和称为衰减系数。

光学性质的不均匀可能是由于均匀物质中散布着折射率与它不同的其他物质的大量微粒；也可能是由物质本身组成部分(粒子)不规则的聚集所造成的。例如尘埃、烟、雾、悬浮液、乳状液以及毛玻璃等。

按不均匀团块的性质，散射可分为两大类：

(1)悬浮质点的散射：如胶体、乳浊液、含有烟、雾、灰尘的大气中的散射属于此类。

(2)分子散射：即使十分纯净的液体或气体，也能产生比较微弱的散射。这是由于分子热运动造成密度的局部涨落引起的。物质处在临界点时密度涨落很大，光线照射在其上，就会发生强烈的分子散射．这种现象叫做**临界乳光**(critical opalescence)。

通常，根据能量是否损失将散射分为弹性和非弹性散射两大类：散射光与入射光的频率和波长保持一致的散射称为弹性散射，如：**瑞利散射**(Rayleigh scattering)和**米氏散射**(Mie scattering)；散射光的频率和波长不同于入射光的散射称为非弹性散射，如：**拉曼散射**(Raman scattering)和**布里渊散射**(Brillouin scattering)。

1.5.1 瑞利散射

为了解释天空为什么呈蔚蓝色,瑞利(Lord Rayleig, 1871)研究了细微质点的散射问题，提出了散射光强与 λ^4 成反比的规律，这就是有名的**瑞利散射定律**。瑞利定律的适用条件是散射体的尺度比光的波长小。

例如，由于大气散射，晴朗的天空常呈现浅蓝色。而大气散射一部分来自悬浮的尘埃，大部分则是氧气和氮气的密度涨落引起的分子散射，由于后者的尺度比前者小得多，所以瑞利散射作用更明显。在可见光中，红光波长是蓝紫光波长的 1.8 倍。根据瑞利散射定律，如果入射的蓝紫光的光强与红光光强相等，则蓝紫光的散射光强大约是红光的散射光强的 10 倍。因此，浅蓝色和蓝色光比黄色和红色的光散射得更厉害，故散射光中波长较短的蓝光占优势，晴朗的天空会呈现浅蓝色。由此，不难理解，雨过天晴后，天空会蓝得格外美丽。

1.5.2 米氏散射

较大颗粒对光的散射不遵从瑞利的 λ^4 反比律。米氏（G. Mie，1908）和德拜（P. Debye，1909）以球形质点为模型详细计算了电磁波的散射。他们的计算适用于任何大小的球体。球的半径 a 和波长 λ 之比是用参量 k_a 来表征的（$k_a = 2\pi a/\lambda$）。米-德拜的散射理论证明：只有 $k_a < 0.3$ 时，瑞利的 λ^4 反比律才是正确的。当 k_a 较大时，散射强度与波长的依赖关系就不十分明显了。后一种散射其强度分布复杂且不对称，称为**米氏散射**（Mile scattering）。米氏散射中光的波长、频率不发生变化。

例如，白云对可见光的散射。白云是大气中的水滴组成的，由于这些水滴的半径与可见光的波长相比已不算很小，瑞利散射不再适用。这样，水滴产生的散射与波长的关系不大，这就是云雾呈现白色的缘由。低层大气中含有较多的尘粒，这里的散射以米氏散射为主，阳光被散射后基本上仍为白光，因此，地平线附近的天际为灰白色或灰青色。清晨，在茂密的树林中，常常可以看到从枝叶间透过的一道道光柱，类似这种自然界现象就是丁达尔现象（Tyndall），为米氏散射的一种表现。

眼科临床上常利用这种现象来检测眼前房炎症反应，正常前房在裂隙灯下为暗区；当前房出现炎症反应时，渗出物中的颗粒使得入射光束发生散射，炎症越重，散射越明显。

1.5.3 拉曼散射

瑞利散射不改变原入射光的频率。1928 年拉曼（印度人）和曼杰利什塔姆（苏联人）在研究液体和晶体内的散射时，几乎同时发现散射光中除与入射光的原有频率 ω_0 相同的瑞利散射线外，谱线两侧还有频率为 $\omega_0 \pm \omega_1$，$\omega_0 \pm \omega_2$，…等散射线存在。这种现象称为**拉曼散射**（Raman scattering）（苏联称之为联合散射）。

拉曼散射的方法为研究分子结构提供了一种重要的工具，用这种方法可以很容易而且迅速地定出分子振动的固有频率，也可以用它来判断分子的对称性、分子内部的力的大小以及一般有关分子动力学的性质。分子的光谱本来在红外波段，拉曼效应把它转移到可见和紫外波段来研究，在很多情形下，它已成为分子光谱学中红外吸收方法的一个重要补充。

在出现激光之前，拉曼散射光谱已成为光谱学的一个分支。激光问世以来，当光强达到一定水平时，还可出现受激拉曼散射等非线性效应。

拉曼散射的强度极小，约为瑞利散射的千分之一。

1.5.4 布里渊散射

如前所述，拉曼散射是有分子振动参与的光散射过程. 在晶体中的振动有较高频的光学支和低频的声学支两种，前者参与的光散射就是拉曼散射，后者参与的光散射叫**布里渊散射**（L. Brillouin，1921）。

利用布里渊散射，并经过高解析光谱分析，可以研究物质基本性质（弹性、磁性相变）及多种交叉效应（压电、磁弹、光弹等）。

利用激光产生的受激布里渊散射，可致细胞破裂，出现水肿。

还要指出的是：散射光是部分偏振的，蜜蜂能够感知天空散射的偏振光，利用其偏振性辨别方向。

§1.6 傅里叶光学基础

1.6.1 概述

光学是一门很古老的学科。然而从 20 世纪 40 年代后期开始的 30 余年间，光学在理论方法上和实际应用上都有许多重大的突破和进展。1948 年全息术的提出，1955 年作为像质评价的传递函数的兴起，1960 年激光器的诞生；它们是现代光学中有重要意义的三件大事。连同后来由于有了激光的重新装备而迅速发展起来的薄膜光学、纤维光学、集成光学等应用光学诸方面，使光学这门历史悠久的学科焕发了青春，它正以自身深刻的变革和日益扩展的应用领域，引人注目地活跃在现代物理学和现代科学技术的广阔舞台上。

光学的重要发展之一，是将数学中的傅里叶变换和通讯中的线性系统理论引入光学，形成了一个新的光学分支——**傅里叶光学**(Fourier optics)，也称变换光学。目前的变换光学大体指两类内容. 一是傅里叶光谱仪中存在的那类变换关系：

$$\boxed{干涉图} \quad \leftrightarrow \quad \boxed{光谱图}$$

它从干涉强度的空间频谱中提取光源辐射的时间频谱(即通常说的光谱)。另一类是相干成像系统和不相干成像系统中存在的变换关系：

$$\boxed{物} \quad \leftrightarrow \quad \boxed{像}$$

这第二类光学变换的内容相当丰富，它包括光学空间滤波和信息处理，光学系统的脉冲响应和传递函数，波前再现和全息术等等。变换光学的基本思想是用空间频谱的语言分析光信息，用改变频谱的手段处理相干成像系统中的光信息，用频谱被改变的眼光评价不相干成像系统(光学仪器)中像的质量(像质)。

在通信原理中，一个通讯系统所接收或传递的信息，(例如一个受调制的电压波形)，通常具有随时间而变的性质。而通常用来成像的光学系统，处理的对象是物平面和像平面上的光强分布。如果借用通讯理论的观念，我们完全可以把物平面的光强分布视作输入信息，把像平面的光强视作输出信息。这样，光学系统所扮演的角色相当于把输入信息转变为输出信息，只不过光学系统所传递和处理的信息是随空间变化的函数。从数学的角度看，随空间变化的函数与随时间变化的函数，其数学变化规律并无实质性的差别。也就是说，傅里叶变换应该可以帮助我们从更高的角度来研究光学中若干新的理论与实际问题。

傅里叶光学所讨论的物理内容，尽管仍然是光的传播、干涉、衍射和成像所遵循的规律，但由于傅里叶分析方法的引入，使我们有可能对于早已熟悉的许多光学现象的内在联系，从理论上及数学方法上获得更系统的理解，进行更深入的探讨。尤其重要的是，由此引入的空间频率和频谱的概念，已成为目前迅速发展的光学信息处理、像质评价、成像理论等的基础。

20 世纪 90 年代迅速发展的分数傅里叶光学是傅里叶光学的发展和延拓，为光学信息处理开辟了更广的领域。

傅里叶光学的基本规律并未超出传统波动光学的范围，它仍然以经典波动光学原理为基础，它是干涉和衍射的综合和提高，它与衍射，特别是与夫琅禾费衍射息息相关。

下面，我们先介绍一下傅里叶光学中的几个基本概念，然后，再讨论一下傅里叶变换。为有兴趣的读者进一步提高对光学知识的理解和深入学习新知识奠定一点基本知识。

1.6.2 傅里叶光学的几个基本概念

1. 空间频率

我们知道，波动是一个时空过程，沿 z 方向传播的单色平面光波的表达式为

$$\psi = A_0 \cos 2\pi\left(\frac{t}{T} - \frac{x}{\lambda}\right)$$

或

$$\psi = A_0 \cos(\omega t - kz)$$

单色平面光波最显著的特点是它的时间周期性和空间周期性，它反映出单色光波是一种时间(t)无限延续、空间(z)无限延伸的波动。为了描述单色光波的时间周期性，通常将周期 T 称为单色光波的时间周期，它的倒数 $\nu = \frac{1}{T}$ 称为时间频率，将 $\omega = \frac{2\pi}{T}$ 称为时间角频率；与此类似，为了描述单色光波的空间周期性，通常将波长 λ 称为单色光波的空间周期，$\frac{1}{\lambda}$ 称为**空间频率**(spatial frequency)，将波数 $k = \frac{2\pi}{\lambda}$ 称为空间角频率。因此，空间频率是在空间呈现正弦(或余弦)分布的几何图形或物理量在某个方向上单位长度内重复的次数，其单位为周/厘米。如果两个单色波沿其传播方向有着不同的空间频率，这就意味着它们有不同的波长。

单色光波的时间周期性和空间周期性紧密相关，彼此之间通过关系式 $\lambda = \nu T$ 联系起来，因此周期、频率是描述波在时间上重复性的物理量，空间周期和空间频率是描写波在空间上重复性的物理量。

空间频率是傅里叶光学中最基本的概念，我们应首先对它有一个正确的认识，就物理概念而言，时间比空间抽象。而从描述方式上来看，空间比时间复杂，前者是三维的，后者是一维的。

2. 复振幅

为了运算方便，通常将单色平面光波的方程写成复数形式，波动方程则是复数表式的实数部分，即

$$\psi = \text{Re}[A_0 e^{-i(\omega t - kz)}]$$

上式通常还可省去实部符号 Re，简写成

$$\psi = A_0 e^{-i(\omega t - kz)}$$

以便用简易的复数运算代替冗繁的三角运算。进一步还可将上式的时间位相因子和空间位相因子分开，

$$\psi = A_0 e^{ikz} e^{-i\omega t} = \tilde{E} e^{-i\omega t}$$

通常将振幅 A_0 和空间位相因子 e^{ikz} 的乘积 $A_0 e^{ikz}$ 称为**复振幅**(complex amplitude)。在大多数情况下，若不考虑光波随时间的变化，可以用复振幅表示光波，使计算简化。

应该指出，上述波动方程是在假定平面波沿 z 方向传播的前提下得到的，若平面波沿空间任一方向 $\boldsymbol{k}=k\boldsymbol{k}_0$($\boldsymbol{k}_0$ 为单位矢量)传播，其波动表式则为

$$\psi = A_0 \mathrm{e}^{-i[\omega t - k(r \cdot k_0)]}$$

式中 $r(x, y, z)$ 为平面波面上任一点 P 的位置矢量. 即

$$\psi = A_0 \mathrm{e}^{-i(\omega t - k \cdot r)} \tag{1-27}$$

相应的复振幅为

$$\tilde{E} = A_0 \mathrm{e}^{ik \cdot r}$$

设 k 方向的方向余弦为 $(\cos\alpha, \cos\beta, \cos\gamma)$，那么

$$\tilde{E} = A_0 \mathrm{e}^{ik(x\cos\alpha + y\cos\beta + z\cos\gamma)} \tag{1-28}$$

1.6.3 傅里叶变换

根据傅里叶分析，可以将满足一定条件的一维函数（例如时间函数或空间函数）$f(x)$ 展开成一系列基元函数 $\mathrm{e}^{i2\pi\nu x}$ 的线性迭加，得

$$f(x) = \int_{-\infty}^{\infty} F(\nu) \mathrm{e}^{i2\pi\nu x} \mathrm{d}\nu \tag{1-29}$$

式中

$$F(\nu) = \int_{-\infty}^{\infty} f(x) \mathrm{e}^{-i2\pi\nu x} \mathrm{d}x \tag{1-30}$$

$F(\nu)$ 称为函数 $f(x)$ 的**傅里叶变换**（Fourier transform），$f(x)$ 称为 $F(\nu)$ 的**傅里叶逆变换**，故 $F(\nu)$ 和 $f(x)$ 构成傅里叶变换对。式(1-29)中，函数 $F(\nu)$ 代表空间频率为 ν 的成分所占的相对比例（即权重）的大小。故傅里叶变换 $F(\nu)$ 也称作 $f(x)$ 的空间频谱函数，简称空间频谱或频谱。

在光学中，衍射孔或缝的光场是二维信息，同理可以将满足一定条件的二维函数 $f(x, y)$ 展开成一系列基元函数 $\mathrm{e}^{i2\pi(ux+vy)}$ 的线性迭加。

$$f(x, y) = \int_{-\infty}^{\infty} \int_{-\infty}^{\infty} F(u, v) \mathrm{e}^{i2\pi(ux+vy)} \mathrm{d}u\mathrm{d}v \tag{1-31}$$

式中

$$F(u, v) = \int_{-\infty}^{\infty} \int_{-\infty}^{\infty} f(x, y) \mathrm{e}^{-i2\pi(ux+vy)} \mathrm{d}x\mathrm{d}y \tag{1-32}$$

$F(u, v)$ 称为函数 $f(x, y)$ 的傅里叶变换，$f(x, y)$ 称为 $F(u, v)$ 的傅里叶逆变换。$F(u, v)$ 和 $f(x, y)$ 构成了傅里叶变换对。u, v 分别代表各基元函数 $\mathrm{e}^{i2\pi(ux+vy)}$ 沿 x, y 方向的空间频率，$F(u, v)$ 代表空间频率为 (u, v) 的成分所占相对比例的大小，即 $F(u, v)$ 为 $f(x, y)$ 的频谱。

1.6.4 傅里叶变换在光学成像中的应用

从傅里叶分析来说，两次衍射的成像过程实质上就是对二维光场的复振幅分布进行两次傅里叶变换过程。第一次傅里叶变换的作用就是把光场的空间分布变成空间频率分布，第二次傅里叶变换的作用是将空间频率分布重新组合还原到光场的空间分布。在透镜的孔径足够大的情况下，经过两次傅里叶变换得到像的分布和物的分布可以看作是准确对应的。

1.6.5 点扩展函数和光学传递函数

理想成像要求物面和像面点点对应，像质的变坏都是由点物不能成点像引起的，系统

对点物的响应由点扩展函数(point spread functions,缩写为 PSF)来描述。用 (x,y) 和 (x',y') 分别代表物面和像面上点的坐标。在物面上位于 (x,y) 处的一个点源造成的像面强度分布 $I(x',y')$ 就是物点的扩展函数,我们将它记作 h。由于不同位置物点的扩展函数不一定相同,h 除了是 x',y' 的函数外,还依赖于 x,y,故应写成 $h(x,y;x',y')$。使用点扩展函数的概念时,常给它加上归一化条件:

$$\iint h(x,y;x',y')\,\mathrm{d}x'\mathrm{d}y' = 1 \tag{1-33}$$

上式表明,$h(x,y;x',y')$ 是光功率为一个单位的点源造成的点扩展函数。显然,这里不考虑系统的光能流损耗。

光学系统中导致像点扩展的因素是多种多样的。如透镜本身造成的波面畸变(即过去所说的各种几何像差),镜头的内部不均匀,表面的沾污,长程传输途中大气的不稳定等等。点扩展函数 $h(x,y;x',y')$ 是所有这些因素的综合反映。以点扩展函数 $h(x,y;x',y')$ 为出发点可以研究光学系统成像的性能。

在一个存在着像差的光学系统中,不仅高频成分丢失,其他较低频率成分的光波的传递也因而受到影响。例如,某些频率成分的振幅降低或者位相改变,从而使成像质量下降。要正确地评价一个光学系统成像质量的优劣,必须全面观察物面上各种频率成分经过光学系统的传播情况,用来表示这种传播情况的函数称为光学传递函数(optical transfer function,缩写为 OTF),它定义为像面强度分布与物面强度分布的频谱比值,即

$$\tilde{H}(f_x,f_y) = \frac{\tilde{I}_I(f_x,f_y)}{\tilde{I}_O(f_x,f_y)} \tag{1-34}$$

式中 $\tilde{I}_I(f_x,f_y)$ 和 $\tilde{I}_O(f_x,f_y)$ 分别是像面强度分布与物面强度分布的频谱,$\tilde{H}(f_x,f_y)$ 称为光学传递函数。按定义,$\tilde{H}(f_x,f_y)$ 是点扩展函数 $h(x,y)$ 的傅里叶变换式。

光学传递函数为光学仪器的设计、制造和使用提供了统一的评价标准,形成了一套更全面更客观的质量评价方法。光学传递函数的概念和理论已较普遍地应用于光学设计结果的评价、控制光学元件的自动设计过程、光学透镜质量的检验、像质评价、光学系统总体设计的考虑及光学信息处理等方面。

点扩展函数和光学传递函数互为傅里叶变换式,它们是评价像质的两种不同但是等价的描述方法。但用光学传递函数有独特的优点。

用 OTF 评价像质的主要优点,是它将光学系统的分析工作提高到信息论的水平。信息要用频谱的语言来描述才是准确的,像质用频谱之比来评价才反映本质。本书第八章中将会进一步讨论光学传递函数。

习 题 一

1-1 在杨氏双缝实验中,如果把一条缝挡住,屏上的条纹分布将如何变化?如果光源 S 到两狭缝 S_1 和 S_2 的距离不等,例如 $SS_1 > SS_2$,屏上的条纹分布又将如何变化?

1-2 在日常生活中,为什么挡住光线容易,而挡住声音难?

1-3 在观察单缝衍射时,(1)如果单缝垂直于它后面的透镜的光轴向上或向下移动,屏上衍射图样是否改变?为什么?(2)若将光源 S 垂直于光轴向上或向下移动,屏上的衍

射图样是否改变？为什么？

1-4 在杨氏实验中，两缝相距 0.3 mm，屏距缝 0.5 m，一束光通过双缝后在屏上产生间隔为 1mm 的干涉条纹，问该光波的波长是多少？

[600 nm]

1-5 在杨氏双缝实验中，已知双缝间的距离为 0.60 mm，缝和屏幕相距 1.50 m，若测得相邻明条纹间的距离为 1.50 mm。(1) 求入射光的波长。(2) 若以折射率 n =1.30，厚度 l=0.01mm 的透明薄膜遮住其中的一缝，问原来的中央明纹处，将变为明条纹还是暗条纹？是第几级？（见图 1-5 例题 1-1）

[600 nm；暗纹，第五级]

1-6 波长 500 nm 的光波垂直入射一层厚度 d=1 μm 的薄膜。膜的折射率为 1.375。问：(a) 光在膜中的波长是多少？(b) 在膜内 $2d$ 距离含多少波长？(c) 若膜两侧都是空气，在膜面上反射的光波与经膜底面反射后重出膜面的光波的相差为多少？

[363.63 nm；5.5；10π 或 12π]

1-7 用一层透明物质涂在玻璃上，使其对波长 520 nm 的光增透(反射最少)。若玻璃的折射率为 1.50，透明物质折射率为 1.30，求涂层最小厚度。

[100 nm]

1-8 钠光(589 nm)通过单缝后在 1 m 处的屏上产生衍射条纹，若两个 ±1 级暗纹之间的距离为 2 mm，求单缝宽度。

[0.589 mm]

1-9 一单色光垂直入射一单缝，其衍射的第三级亮纹的位置恰与波长为 600 nm 的单色光入射该缝时衍射的第二级亮纹位置重合，试求该单色光的波长。

[428.6 nm]

1-10 用波长为 500 nm 的单色光，垂直照射到一宽度为 0.5 mm 的单缝上，在缝后置一焦距为 0.8 m 的凸透镜，试求屏上中央亮纹和其他亮纹的宽度。

[1.6×10^{-3} m；8.0×10^{-4} m]

1-11 一束单色平行光垂直入射到每毫米 500 条缝的光栅上，所成二级象与原入射方向成 30°角，求入射光的波长。

[500 nm]

1-12 用 589 nm 的钠光，正入射每毫米 500 条缝的光栅，最多能看到几级亮条纹？

[3 级]

1-13 一光栅宽 2.0 cm，共有 7000 条狭缝，其透光与不透光部分之比为 1：1。如以绿光 550 nm 正入射，问可以观察到哪些亮条纹？

[0，±1，±3，±5 级]

1-14 两块偏振片的透射轴互成 90°角，在它们之间插入另一偏振片，使它的透射轴与第一片的透射轴夹角为 θ 角。射向第一偏振片的自然光强度为 I_0，求当 (a)θ=45°；(b)θ=30°时，通过三块偏振片后的光强。

[$I_0/8$；$3I_0/32$]

1-15 两块偏振片的透射轴互相垂直，在它们之间插入两块偏振片，使相邻两片偏振片透射轴都夹 30°角。如果入射的自然光强度为 I_0，求通过所有偏振片后光的强度。

[$0.21I_0$]

1-16　平行平面玻璃板放置在空气中，空气折射率近似为 1，玻璃折射率 $n=1.50$。试问当自然光以布儒斯特角入射到玻璃的上表面时，折射角是多少？当折射光在下表面反射时，其反射光是否是偏振光？

[33.7°；是偏振光]

1-17　利用布儒斯特定律，可测定不同媒质的折射率。今在空气中测得某媒质的偏振角为 57°，那么这一媒质的折射率为多少？

[1.54]

1-18　假设一混合光经过大气层，蓝光的波长为 400nm，而红光的波长为 720nm，根据瑞利定律，散射光中蓝光和红光的强度比是多少？

[$I_{蓝光}/I_{红光}=10.5$]

1-19　为什么旭日和夕阳呈红色？

1-20　在大雾中，汽车的车灯照出的光通路属于那种散射？

1-21　已知单色光波复振幅 $e(x, y)$，试写出其傅立叶变换函数 $E(u, v)$，并阐述其物理意义。

（李宾中）

第二章 几何光学基本原理

撒开光的波动性质，不考虑光与物质的相互作用，仅以光线的概念为基础，研究光在透明介质中的传播规律的光学分支，称为几何光学。

几何光学的理论基础是由实验得到的三个基本定律：光的直线传播定律、光的反射和折射定律、光的独立传播定律。本章讨论几何光学的基本概念、基本定律及成像概念。

§2.1 光的光线模型

当研究对像的尺寸远远大于光的波长时，衍射现象可忽略，光表现出直线传播的特征，这就是几何光学中光的光线模型。而实际中遇到的大多数光学问题都满足上述条件，因此，它具有实际意义。

2.1.1 发光点

辐射光能的物体称为**光源**(luminous source)或发光体。当发光体的大小与其辐射光能的作用距离相比可以忽略时，则此发光体可视为**发光点**(luminous point)或点光源。例如，对于地球上的观察者来说，体积超过太阳但距离遥远的恒星，仍可以认为是发光点。几何光学中，不考虑发光点所包含的物理概念(如光能密度等)，认为发光点是一个既无大小，也无体积而只有位置的发光几何点。

任何被成像的物体(发光体)均由无数个发光点组成。在研究光的传播和物体成像问题时，通常选择物体上某些特定的发光点进行讨论。

2.1.2 光线

当研究光在透明介质中的传播，而衍射现象可忽略时，可以采用**光线模型**(ray model)，即认为光是由光线构成的，这种**光线**(light ray)被认为是既无直径又无体积，但有一定方向的几何线，用来表示光能传播的方向。光线的概念与发光点的概念一样，是人们从许多客观存在的光学现象中抽象出来的。

几何光学中研究光的传播问题，是把复杂的光能传播看作是简单的光线传播，它具有简便实用的特点。

几何光学认为，发光点发光是由发光点向四周空间发射出无数条光线，光能就沿着光线的方向传播。根据第一章波动光学的观点，在各向同性的均匀介质中，光能是沿着波面的法线方向传播的。因此，几何光学中的光线就相当于波动光学中光波的波面法线，也即是说，光线垂直于光波波面，见第一章图 1-3 所示。

通常，绝大多数光学系统的通光口径比光波波长要大得多，故衍射现象可以忽略；其次，几何光学中利用发光点和光线的概念可以把复杂的光能传输和光学成像问题归结为简单的几何运算问题。因此，以光线作为基本概念的几何光学理论至今仍具有重要的实用价值。

2.1.3 光束

有一定关系的无数条光线的集合称为**光束**(light beam)。它代表的是光能量流,光束内的能量既不从光束内流出,也不从外界流入光束。光束一般可分为同心光束和像散光束(即非同心光束)两种。

1. 同心光束

球面波波前对应的光束称为**同心光束**(concentric beam)。在同心光束中,由一发光点发出的一束光称为发散光束如图2-1(a)所示;而把所有光线都会聚于一点的光束称为会聚光束,如图2-1(b)所示。同心光束所对应的光波波面是以发光点或会聚点为球心的球面波,同心光束就是这些球面波波面的法线束。若发光点或会聚点位于无穷远处,则其光波的波面为平面波,波面的法线互相平行,与这种平面波所对应的光束中所有光线也互相平行,这种光束称为平行光束,如图2-1(c)所示,因此,同心光束也包括平行光束。

2. 像散光束

非球面波前对应的光束称为**像散光束**(astigmatic beam),它的光线既不相交于一点而又不相互平行,如图2-1(d)所示。像散光束会聚后,会产生两条互相垂直的短焦线,两焦线之间的距离越小,则光束越接近于同心光束。

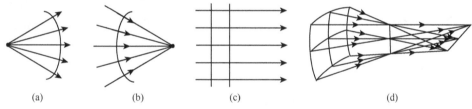

图2-1 几种典型的光束

(a)发散光束;(b)会聚光束;(c)平行光束;(d)像散光束

§2.2 几何光学的基本定律

从光线的概念出发,几何光学把光的传播现象归纳为以下三个基本定律,它们是光学系统成像理论的基础。

2.2.1 光的直线传播定律

光在均匀媒质中沿直线传播,这就是光的直线传播定律。它可以解释很多自然现象,例如影子的形成,日食、月食等现象。这方面的典型实验有小孔成像。

应当注意,此定律成立的条件:即光在各向同性的均匀介质中、不受阻碍地传播。若光在传播途中遇到直径或间隔接近光波波长的小孔或狭缝等,则根据波动光学原理将会发生衍射现象而偏离直线。若光在非均匀介质中传播,光线将因折射而发生弯曲,则光的轨迹将是任意曲线。这种现象经常发生在大气中,例如"海市蜃楼"幻景,便是由光线在密度不均匀的大气中折射引起的。

2.2.2　光的独立传播定律

从不同光源发出的光线以不同的方向通过空间某一点时，彼此互不影响，各光线独立传播．这就是光的独立传播定律。在几束光的交点处，光能量相加，通过交点后，各光束仍按各自原来的方向及能量分布向前传播。光的独立传播定律的意义在于，当考虑某一光线的传播时，可不考虑其他光线对它的影响，从而使得对光线传播情况的研究大为简化。

该定律仅对非相干光适用。如果由几束相干光，经过不同的路径相交于某点，则可能发生干涉现象，该定律不再适用。

2.2.3　反射定律和折射定律

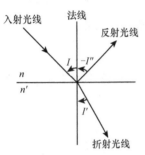

图 2-2　光的反射和折射

当一束光投射到两种均匀透明介质的分界面上时，将有一部分光线在分界面上反射回到原来的介质，称为反射光线；另一部分光线则通过分界面射入第二种介质，但偏折原来的方向，称为折射光线，如图 2-2 所示。光线的反射和折射分别遵守反射定律和折射定律。

这里，我们把入射光线与界面法线之间的夹角 I 称为入射角；反射光线与界面法线之间的夹角 I'' 称为反射角；折射光线与界面法线之间的夹角 I' 称为折射角。并且规定，角度符号以锐角来量度，由光线为起始轴转向法线，顺时针方向旋转形成的角度为正，反之则为负。在图 2-2 中，入射角 I 和折射角 I' 均匀为正；反射角 I'' 为负。

1. 反射定律

(1) 入射光线、反射光线和分界面投射点处的法线三者位于同一平面内，且入射光线与反射光线位于法线两侧。

(2) 入射角和反射角绝对值相等，即

$$I = -I'' \tag{2-1}$$

2. 折射定律

(1) 入射光线、折射光线和分界面投射点处的法线三者位于同一平面内。

(2) 入射角与折射角的正弦之比同两种介质的折射率有关，其表示式为

$$\frac{\sin I}{\sin I'} = \frac{n'}{n} \tag{2-2a}$$

或

$$n \sin I = n' \sin I' \tag{2-2b}$$

折射定律也称为斯涅耳定律 (W. Snell, 1621)。上式中，n 和 n' 分别为两种介质的绝对折射率，它们是真空中的光速 c 与其相应的介质中光速 u（或 u'）之比，即

$$n = \frac{c}{u}, \quad n' = \frac{c}{u'} \tag{2-3}$$

介质折射率 n 的大小与介质的光学性质和光的波长有关，它表示了介质折光能力的强弱。折射率高的介质折光能力强，称为**光密介质** (optically denser medium)；折射率低的介质折光能

力弱，称为**光疏介质**(optically thinner medium)。

3. 反射定律是折射定律的一种特例

在折射定律的表示式(2-2)中，若令$n' = -n$，则得$I = -I'$，此即为反射定律的表示式。这表明反射定律可视为折射定律在$n' = -n$时的一种特例。

由此可进一步推论：凡是由折射定律写出的公式，只要使其$n' = -n$，便可应用于相应的反射情况。所以，折射定律是几何光学中很重要的基本定律。

以上讨论的三个定律是由实验得到的，利用它们能够说明自然界中光线的各种传播现象，因此，这三个定律被称为几何光学基本定律。几何光学就是以它们为基础建立起来的，是各种光学仪器设计的理论根据。

§2.3 光路可逆和全反射

前面讨论了光线传播的基本定律，本节将应用这些基本定律来研究两种重要的光的传播现象——光路可逆和全反射。

2.3.1 光路可逆

一条光线沿着一定的路线，从空间某点 A 传播到另一点 B。如果在 B 点，沿着出射光线相反的方向投射一条光线，则此反向光线必沿同一条路线，由 B 点传播到 A 点。光线传播的这种性质称为光路可逆原理。图 2-3 是光路可逆示意图。

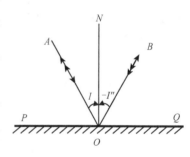

图 2-3 光路可逆示意图

利用几何光学基本定律可以证明光路可逆原理。无论光在均匀介质中的直线传播，还是光在两种介质分界面上的反射和折射。也无论光线经过任意次反射、折射，也不管它通过什么样的介质，或光线经过一个复杂的光学系统。光路可逆原理都普遍成立。

根据光路可逆原理，在研究光线传播规律、进行光学设计时，可以按实际光线进行的方向来研究、计算；必要时，也可以按与实际光线相反的方向(即所谓"反向光路")来进行研究与计算，其结果是完全相同的，但对解决实际问题提供了极大的方便，尤其对光学设计十分重要。

2.3.2 光的全反射

一般情况下，当光线投射在两种介质分界面上时，必然会分成两部分光线：反射光线和折射光线。经分界面反射回到原来的介质的光线叫反射光线，而经分界面折射进入另一种介质的光线叫折射光线。随着入射光线入射角的增大，反射光线的强度逐渐增强，而折射光线的强度则逐渐减弱。

设光线由光密介质进入光疏介质，如图 2-4 所示，图中$n > n'$，根据折射定律得到$I' > I$。当入射角 I 增大时，相应的折射角 I' 也增大；同时，反射光线的强度随之增大。而折射光

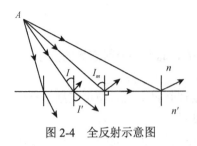

图2-4 全反射示意图

线的强度逐渐减小。当入射角增大到某一角度 I_m 时，折射光线沿分界面掠射出，即折射角 $I' = 90°$，且强度趋近于零。当入射角 $I > I_m$ 时，折射光线不再存在，入射光线全部反射回原介质中。这种现象被称为**光的全反射**。折射角 $I' = 90°$ 所对应的入射角 I_m 称为**临界角**（critical angle）（或称全反射角）。此时，依折射定律有：$n \sin I_m = n' \sin 90°$，于是得到

$$I_m = \sin^{-1}\left(\frac{n'}{n}\right) \tag{2-4}$$

由上述分析可知，产生全反射必须满足两个条件：①入射光线必须由光密介质射向光疏介质；②入射角必须大于临界角。由式(2-4)可知，折射率大的介质，其全反射临界角小。

全反射在光学仪器和光学技术中有着重要而又广泛的应用。全反射优越于镜面反射，因为镜面的金属镀层对光有吸收作用，全反射在理论上则无光能损失。例如，常利用全反射棱镜代替平面反射镜来转折光路，如图 2-5 所示。另外，用来导光和传像的光学纤维，就是应用了光的全反射原理。

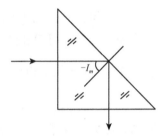

图2-5 全反射棱镜

光学纤维是由玻璃或塑料制成的细丝，由两种均匀介质组成，内部叫作芯线，外部包住芯线的叫作包层。它们的折射率分别为 n_1 和 n_2，且 $n_1 > n_2$，两层之间形成良好的光学界面。当光线从光学纤维的一端，以适当的角度射入时，将在其内外两层分界面上不断地发生全反射而传播到光学纤维的另一端面，如图 2-6 所示。此时，保证发生全反射的条件是：

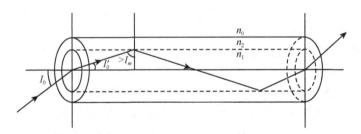

图2-6 光学纤维中的全反射示意图

$$\sin I_0 = \sqrt{n_1^2 - n_2^2}$$

由上式可知，当入射光线在光学纤维端面上的入射角小于 I_0 值时，即发生全反射。

实际应用时，一般将许多根光学纤维聚集在一起构成纤维束，称为传光束。如果使纤维束各根纤维在两端的排列顺序完全相同，就构成了能传递图像的传像束。传像束中每根光纤分别传递一个像元，整个图像就被这些光纤分解后传送到另一端面，如图 2-7 所示。如果将这些传光束和传像束配上合适的物镜和目镜就可以做成各种内窥镜。

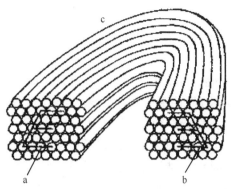

图 2-7　纤维束
a. 物；b. 像；c.光导纤维束

§2.4　费　马　原　理

费马原理从光程的观点来描述光的传播规律，它具有更普遍的意义。

2.4.1　光程的概念

回顾第一章中光程的概念，光程 s 是指光线在介质中所经过的几何距离 l 与该介质的折射率 n 的乘积，即

$$s = nl \qquad (2\text{-}5)$$

如光线通过一系列厚度分别为 l_1，l_2，l_3，$\cdots\cdots l_k$，且折射率分别为 n_1，n_2，n_3，$\cdots\cdots n_k$ 的介质，则总光程为

$$s = \sum_{i=1}^{k} n_i l_i \qquad (2\text{-}6a)$$

若介质的折射率连续变化，即为非均匀的，则光所传播的几何路程不再是直线，如图 2-8 所示。此时，光程可表示为

$$s = \int_{A}^{B} n \cdot \mathrm{d}l \qquad (2\text{-}6b)$$

借助光程的概念，可将光在介质中所走过的几何路程折算为光在真空中的等价路程，这样便于对光在不同介质中所走过的几何路程用折算后的光程进行比较。

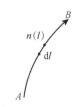

图 2-8　折射率连续
变化介质中的光程

2.4.2　费马原理

光线从一点到另一点是沿光程为极值的路径传播的，即光沿光程为极小、极大或常量的路程传播，这就是费马原理，其数学表达式为

$$s = \int_{A}^{B} n \cdot \mathrm{d}l = 极值（极小、极大或常量） \qquad (2\text{-}7)$$

或表示为，光线的实际路径上光程的变分为零，即

$$\delta s = \delta \int_{A}^{B} n \cdot \mathrm{d}l = 0$$

式中，ndl 表示在充满折射率连续变化的介质中，将由 AB 的几何路程分成许多线段元 $\mathrm{d}l$

所对应的光程。

费马原理适用于折射率以任何形式变化的情况,因此,它也包括了光的直线传播定律、反射定律和折射定律。

为了证明费马原理的正确,可由费马原理推导出光的直线传播定律,反射定律和折射定律。读者可阅读书后参考文献[胡玉禧,姚啓钧,赵凯华,郭永康,李大海,李晓彤]。

另外,费马原理只涉及光线的路径,而与往返方向无关。也就是说,光线到达某处后,在返回时,将沿着与出发时同一光程为极值的路径传播。这也说明了光路的可逆性。

费马原理(Fermat's principle)又称为**极端光程定律**(law of extreme path)。它可以说明光线不但按光程极小,也可按光程极大或光程为常量的路径传播。如图 2-9 所示,有一个以 F 和 F' 为焦点的椭球反射面,按其性质可知,由一焦点发出的所有光线,不论从椭球界面上那一点反射到另一焦点 F',其光程都相等(即为常数,此为理想成像的条件)。所以,在这种情况下,光是沿着光程为常量的路径传播。这样的反射面对于点 F 和 F'来说,称为"等光程面",这是一个理想成像的界面。

图 2-9 中还画出了两个均匀椭球面相切于 M 点的反射面 PQ 和 ST,FM 和 MF'仍为入射光线和反射光线。显然,对这两个面来说,光程(FMF')均为一极值。但其中的 PQ 面因为比椭球面更凹,因此,光程(FMF')为极大值;而 ST 面的弯曲程度较椭球面为小,所以,光程(FMF')为该面的最短光程,具有极小值。

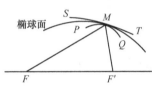

图 2-9 光程为极值

费马原理能够代表光线在不同情况下的传播规律,它与几何光学的基本定律一样,都可以作为几何光学的理论基础,只要这二者中任意一个已知,即可导出另一个。但由于费马原理用统一的方式来说明光线的传播规律,因而更具有普遍性。

§2.5 成像的概念

人们在研究光的各种传播规律的基础上,设计制造了各种光学仪器,为生产和生活服务。光学仪器中很大一部分是成像的仪器,如显微镜、望远镜、投影仪和照相机等。成像是几何光学要研究的中心问题之一。

2.5.1 光学系统的基本概念

光学仪器的核心部分是光学系统。大多数光学系统的基本作用是成像,即将物体通过光学系统成像,以供人眼观察、照相或光电器件等接收。

光学系统通常是由一个或多个光学元件组成。如图 2-10 所示为一个光学瞄准镜的光学系统图。

组成光学系统的光学元件,主要有以下几类:

1. 透镜

这里主要指折射面为球面的透镜,故也称为球镜,按其作用和形状可分为两大类:第一类为正透镜,又称凸透镜或会聚透镜,其特点主要是中心厚边缘薄,对光束起会聚作用。这种透

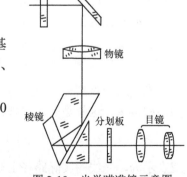

图 2-10 光学瞄准镜示意图

镜按形状特征又可分为四种，如图 2-11 所示。第二类为负透镜，又称凹透镜或发散透镜，其特点是中心薄边缘厚，对光束起发散作用；这类透镜按形状特征又可分为三种，如图 2-12 所示。

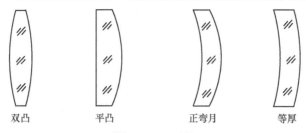

双凸　　　　平凸　　　　正弯月　　　　等厚

图 2-11　正透镜

2. 柱镜

其折射面有一面为柱面，另一面为平面；或两面均为柱面的光学元件。

3. 反射镜

按其形状可以分为平面反射镜和球面反射镜。球面反射镜又可分为凸面镜和凹面镜，其中凹面镜的作用类同于凸透镜，凸面镜的作用类同于凹透镜。

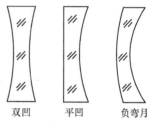

双凹　　平凹　　负弯月

图 2-12　负透镜

4. 棱镜

按其作用和性质，可区分为反射棱镜和折射棱镜。

5. 平行平板

工作面为平行平面的折射零件。

所有这些光学零件都可由不同的光学材料制成，其表面可由各种曲率的折射面或反射面构成，这些表面的面形可以是平面或球面，也可以是非球面。由于球面和平面便于加工生产，因而目前绝大多数光学系统中的光学零件工作表面均为球面或平面构成，但是随着生产工艺水平的提高，非球面的光学零件也正被越来越多地采用。

由球面透镜和球面反射镜组成的系统称为**球面系统**(spherical system)，若所有球面的球心均处在同一条直线上，则该直线就是整个系统的对称轴线，称为系统的**光轴**(optic axis)，这样的系统称为**共轴球面系统**(coaxial spherical system)。

由平面反射镜和棱镜、平行平板等组成的系统称为**平面镜棱镜系统**(plane mirror prism system)。实际中采用的绝大部分光学系统都是由共轴球面系统和平面镜棱镜系统等光学元件组合而成。

2.5.2　成像的基本概念

物体上的每个发光点均发射出球面波，每个球面波都对应着一束同心光束。光学系统的基本作用是进行光束变换，也就是接受由物体表面各发光点发出的同心光束(发散光束或会聚光束或平行光束)，经过系统的一系列折射和反射后，变换成为一个新的同心光束，最终生成物体的像。

1. 物点与像点、共轭与共轭距

如图 2-13 所示，由发光点 A 发出的一束发散光束，经过由 K 个光学表面组成的光学系统后，出射成为一束会聚于点 A' 的会聚光束。这里，入射同心光束的中心(或球心) A 称为物点；而出射同心光束的中心 A' 称为像点。A 和 A' 之间的这种物像一一对应关系叫做共轭。A 和 A' 之间的沿轴距离称为**共轭距**(conjugate distance)。

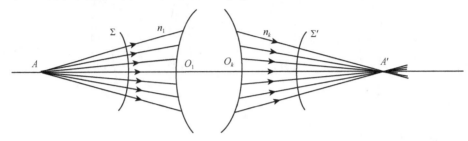

图 2-13　光学系统成像示意图

2. 完善成像与不完善成像

若入射光为一同心光束，出射系统后仍为一同心光束，即所有出射光线都交于一点，称为**完善成像**(perfect imaging)。此时，物点和像点之间的所有光线为等光程，等光程是理想成像的条件。若同心光束出射系统后变为非同心光束(如像散光束)，则称为**不完善成像**(imperfect imaging)。也就是说，一物点经过光学系统成像后，如果是完善成像，得到的是一个明亮的点像；若是不完善成像，则得到的是一个模糊的弥散光斑。

3. 实物与实像、虚物与虚像

同心光束各光线实际通过的交点，或者说，由实际光线会聚的点称为实物点或实像点，由这样的点构成的物或像称为**实物**(real object)或**实像**(real image)。实像可以直接被像屏、底片或光电器件等接收或记录。

由实际光线的延长线相交所形成的物点或像点称为虚物点或虚像点，由这样的点构成的物或像称为**虚物**(virtual object)或**虚像**(virtual image)。虚物通常是前一个光学系统所成的像；虚像能被眼睛观看，但不能被像屏、底片或其他接收面所接收。如图 2-14 所示，(a)是实物成实像；(b)是虚物成实像；(c)是实物成虚像；(d)是虚物成虚像。

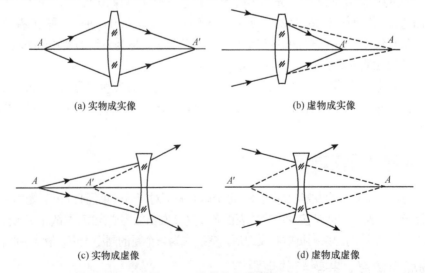

(a) 实物成实像　　　　　　　　　　(b) 虚物成实像

(c) 实物成虚像　　　　　　　　　　(d) 虚物成虚像

图 2-14　成像的几种情况

值得注意的是, 物和像是相对的, 前面光学系统所生成的像, 即为后一个光学系统的物。

4. 物空间与像空间

物体(包括虚物)所在的空间称为**物空间**(object space);像(包括虚像)所在的空间称为**像空间**(image space)。我们规定光线自左向右传播, 则整个光学系统第一面左方的空间为实物空间, 第一面右方的空间为虚物空间;整个光学系统最后一面的右方空间为实像空间, 最后一面的左方空间为虚像空间。显然, 物空间或像空间都是可以向整个空间无限扩展的。那种认为只有整个光学系统第一面左方的空间是物空间、整个光学系统最后一面的右方空间才是像空间的看法显然是错误的。

但是, 在进行光学计算时, 不论是对整个系统, 还是每一个折射面, 其物方折射率均应按实际入射光线所在介质的折射率来计算;其像方折射率应按实际出射光线所在介质的折射率来计算, 而不管是实物还是虚物, 是实像还是虚像。

根据光路可逆原理, 如果把像点 A' 看作物点 A, 则由 A' 点发出的光线必相交于物点 A 处, A 就可被看作为 A' 通过光学系统形成的像, A 和 A' 仍然满足物像共轭关系。

习 题 二

2-1 举出日常生活中所见的符合光线传播基本定律的例子, 说明其应用, 并能用实验方法证明它们。

2-2 试求:光线分别从水($n=1.333$)中、玻璃($n=1.50$)中射向空气时, 发生全反射的临界角。

$$[水 I_m = 48°36', 玻璃 I_m = 41°48']$$

2-3 一个玻璃球, 折射率为 $\sqrt{3}$。若一光线以入射角 60° 入射到球表面, 求其反射光线和折射光线的方向, 并求反射光线和折射光线的夹角。

$$[反射角 60°, 折射角 30°, 夹角 90°]$$

2-4 一块折射率为 1.50 的直角等腰棱镜浸没在折射率为 1.33 的水中, 光自一个直角棱面垂直入射, 问能否发生全反射?

$$[不能]$$

2-5 如果物体与其被小孔形成的像相距 1000mm, 且像高是物高的 1/4, 问小孔的位置离物体有多远?

$$[800mm]$$

2-6 弯曲的光学纤维可以将光线从一端传至另一端, 这是否和光在均匀介质中的直线传播定律有矛盾?

2-7 若有一发光点位于水面下 20cm 处, 我们在水面上能看到被该发光点照亮的直径范围有多大?

$$[45.6cm]$$

(李宾中)

第三章 平 面 系 统

平面光学零件的工作面为平面，包括平面镜、平行平板、棱镜和光楔等；仅由它们构成的光学系统称为平面系统，其主要作用是：①改变光轴方向；②平移光轴位置；③改变像的位置或方向；④进行分光或合像；⑤产生色散；⑥校正光学系统。

§3.1 平 面 镜

平面镜即平面反射镜，是光学系统中最简单而且也是唯一能成完善像的光学元件。

图 3-1(a) 中，M 是一个与纸面垂直的平面镜，A 是任意物点，由 A 点发出光线 AO，经平面镜反射后，其反射光线 OB 的反向延长线与平面镜 M 的垂直线 AD 相交于 A' 点。点 A' 即为物点 A 被平面镜所成之像，其为虚像，位于镜后。根据反射定律，$\angle AON = \angle BON$。又由图中的几何关系，可得：$AD = A'D$。即像点 A' 和物点 A 对称于平面镜。由于物点 A 是任意的，物点 A 发出的光线 AO 也是任取的，因此，以上关系与 O 点的位置无关。由 A 点发出的任意光线经过平面镜 M 反射后，所有的反射光线的延长线都通过同一点 A'。亦即由 A 点发出的同心光束，经平面镜反射后，仍成为一个以 A' 为顶点的同心光束。即，任意一物点 A 经平面镜反射后都能形成一个完善像点 A'，也就是物点 A 与像点 A' 保持同心性。

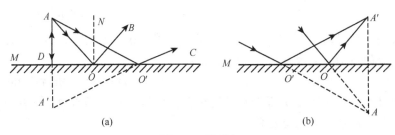

图 3-1　平面镜

图 3-1(a) 是发散光束经平面镜成像的情况，A 为实物点，A' 为虚像点。图 3-1(b) 是会聚光束经平面镜成像的情况，即虚物点 A 成一实像点 A'；且物和像仍关于平面镜 M 对称。由此可知：**平面镜能使整个空间的任意物点成理想像，并且物点和像点对称于平面镜。**

下面进一步来讨论平面镜成像，物和像之间的空间形状所应该满足的对应关系。假如我们在平面镜 M 的物空间取一右手坐标 xyz，根据物点和像点对平面镜对称的关系，很容易确定它的像 $x'y'z'$，如图 3-2 所示。由图可知，$x'y'z'$ 是一左手坐标。像和物大小相等，但形状不同，物空间的右手坐标在像空间变成了左手坐标；反之，物空间的左手坐标在像空间则成为右手坐标。另外，由图 3-2 还可以看到，如果我们分别对着 z 和 z' 轴看 xy 和 $x'y'$ 坐标面时，当 x 按逆时针方向转到 y，则 x' 按顺时针方向转到了 y'，即物平面若按逆时针方向转动，像平面就按顺时针方向转动；反之，当物平面按顺时针方向转动时，则像平面就按逆时针方向转动。上述结论对 yz 和 zx 坐标面来说同样适用。物、像空间的这种形状对应关系称为"镜像"关系。由上讨论得到平面镜成像的第二个性质,即空间物体通过平面反射镜成像时,像和物大小相等,但形状不同,物体通过单个平面镜形成的是镜像。

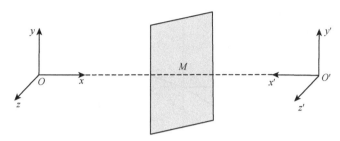

图 3-2 物、像空间的"镜像"关系

这样的"镜像"关系也存在于由多个平面镜组成的成像系统中。如果第一个平面镜所成的像再通过第二个平面镜成像,则左手坐标又变成了右手坐标,与原来的物体完全相同。因此,如果物体经过奇数个平面镜成像,则成的是"镜像";如果经过偶数个平面镜成像,则像和物完全相同。所以,如果我们要求物和像相似,则必须采用偶数个平面镜。这就是说,在光学系统中加入偶数个平面镜后,不仅不会影响像的清晰度,而且像的大小和形状也不会改变,只是改变了光学系统光轴的方向。

平面镜还有一个重要性质,就是当**平面镜绕垂直于入射面的轴转动 α 角时,反射光线将转动 2α 角度,转动方向与平面镜转动方向相同**,如图 3-3 所示。运用光的反射定律很容易得到这一结论,平面镜绕垂直于入射面的轴 O 转动,法线 ON 转到 ON',反射光方向也随之转动,反射光 2、3 之间的夹角变成 2α。

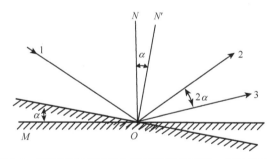

图 3-3 平面镜绕垂直于入射面的轴转动时,反射光方向

平面镜的这一转动性质,在瞄准仪、扫描仪等光学仪器以及精密计量过程中有着广泛应用。比如,要求仪器瞄准线在空间转动 α 角,则反射镜只需转动 $\alpha/2$ 角就够了。

§3.2 平 行 平 板

由两个相互平行的折射平面构成的光学玻璃板称为平行平板。例如,光学仪器中常用的分划板、载玻片和盖玻片、滤光片、补偿平板以及保护玻璃片等,都属于这一类光学零件;还有,下一节将要讨论的反射棱镜可以展开成为等价的平行平板。

如图 3-4 所示,有一块厚度为 d,折射率为 n 的平行平板与光轴垂直放置。从 A 点发

出的光线 AD 以入射角 I_1 射到第一折射平面的 D 点，并以 I_1' 角折射出去；然后，再以 I_2 角入射到第二折射平面 E 点，并以折射角 I_2' 沿 EB 方向射出，出射光线的反向延长线和光轴交于 A_2' 点，则 A_2' 点就是 A 点经平行平板折射后，所成的虚像点。

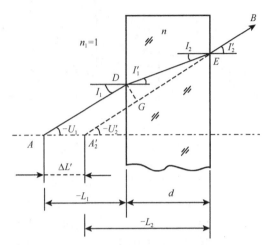

图 3-4　平行平板中光的传播情况

对第一、二折射面应用折射定律，可得

$$\sin I_1 = n\sin I_1' \qquad\qquad (a)$$

$$n\sin I_2 = \sin I_2' \qquad\qquad (b)$$

因第一、二折射面相互平行，则 $I_1'=I_2$，所以 $I_2'=I_1$。又由于光传播过程中的物距、像距满足 $U_1=-I_1$，$U_2'=-I_2'$，因此，$U_1=U_2'$。可见，出射光线 EB 与入射光线 AD 相互平行，即**光线经平行平板折射后方向不变**。

光线经平行平板折射后，虽然方向不变，但要产生位移。从图 3-4 中可看出，出射光线相对入射光线的位移包含侧向位移量 DG 和轴向位移量 $\Delta L'$ 两部分(图中点线标识)。由图中可看出，在 $\triangle DEG$ 中

$$DG = DE\sin(I_1 - I') \qquad\qquad (c)$$

又

$$\cos I_1' = \frac{d}{DE}, \quad 即 \quad DE = \frac{d}{\cos I_1'} \qquad\qquad (d)$$

再考虑到

$$\sin(I_1 - I_1') = \sin I_1 \cos I_1' - \cos I_1 \sin I_1' \qquad\qquad (e)$$

由以上关系式 (a)、(b)、(c)、(d)、(e)，可导出**侧向位移量**(lateral displacement)为

$$DG = d\sin I_1\left(1 - \frac{\cos I_1}{n\cos I_1'}\right) \qquad\qquad (3\text{-}1)$$

又由于

$$\sin I_1 = \sin(-U_1) = \frac{DG}{\Delta L'} \qquad\qquad (f)$$

由关系式 (3-1)、(f)，可导出**轴向位移量**(axial displacement)为

$$\Delta L' = d\left(1 - \frac{\cos I_1}{n\cos I_1'}\right) \tag{3-2}$$

或

$$\Delta L' = d\left(1 - \frac{\tan I_1'}{\tan I_1}\right) \tag{3-3}$$

式(3-3)表明，$\Delta L'$ 因不同的 I_1 值而不同，即从 A 点发出的具有不同入射角的各条光线经平行平板折射后，具有不同的轴向位移量。这就说明，**同心光束经平行平板折射后，变为非同心光束，即成像是不完善的**。而且，平行平板厚度愈大，轴向位移愈大，成像不完善程度也愈大。

如果入射光束孔径很小，近于无限细光束（即近轴光）成像，则 I_1 角很小，其余弦值可以用 1 代替，此时，由式(3-2)可知轴向位移量为

$$\Delta L' = d\left(1 - \frac{1}{n}\right) \tag{3-4}$$

可见，对于近轴光线而言，平行平板的轴向位移只和平板的厚度 d 及玻璃折射率 n 有关，而与入射角 I_1 无关，因此，**物点以近轴光线经平行平板成像是完善的**。

另外，当物体位于无限远时，由物体上每一点发出的光束都是平行光束，由平行平板的性质知，经平行平板出射后仍为平行光束，这说明**平行平板对无限远物体成像也是完善的，且仍然成像在无限远处**。

§3.3 棱　　镜

3.3.1 反射棱镜

将一个或多个反射面磨制在同一块玻璃上的光学零件称为**反射棱镜**(reflection prism)。很明显，一块反射棱镜实际上就是一个平面反射镜系统，因此，反射棱镜的成像与平面镜系统的成像具有相同的性质。

作为实际光学仪器的组成元件，反射棱镜常用来改变光轴方向、转像、倒像等。反射棱镜比平面镜更实用，原因有三：首先是光线在棱镜反射面上的入射角大于临界角，而发生全反射。此时，反射面可以无需再镀反射膜，并且几乎没有能量损失。其次，反射棱镜在加工、安装时，不会像薄板状的平面镜那样容易变形，导致影响成像质量，而且反射棱镜的安装和固定都比较容易。此外，当平面反射镜为外反射时，反射涂层暴露在空气中，容易受腐蚀和破坏。因此，在眼视光检查及更广泛的光学仪器中，使用棱镜的场合较平面反射镜更为普遍。

如图 3-5 所示，从入射光、出射光的传播路径看，光在反射棱镜内要经历多次折射和反射，因此，关于反射棱镜的基本概念：反射棱镜一般有两个折射面和若干个反射面，统称为工作面。沿用空间几何概念，两个工作面之交线称为棱，垂直于棱的截面称为主截面，如图中斜线区域。

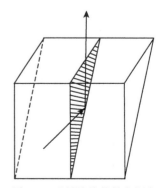

图 3-5　反射棱镜的基本概念

反射棱镜随反射面数及其相互位置关系的不同，种类繁多，形状各异。常用的反射棱镜通常可分为简单棱镜、屋脊棱镜和复合棱镜三类。

1. 简单棱镜

简单棱镜的所有工作面均与主截面垂直。按反射次数不同，它又分为一次反射棱镜、二次反射棱镜和三次反射棱镜。

一次反射棱镜的成像性质和单个平面反射镜一样，如图 3-6 所示，有直角棱镜(a)和等腰棱镜(b)，依据等腰棱镜底角大小的不同，可实现不同方向的光轴偏折。注意观察图中入射光线、反射光线的传播方向，并判断两条光线夹角与棱镜底角的数量关系。

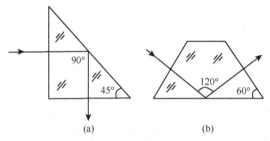

图 3-6　直角棱镜与等腰棱镜

二次反射棱镜相当于双面镜系统，如图 3-7 所示。在这类反射棱镜中，光线经两反射面依次反射后，反射光线相对于入射光线偏转的角度为两反射面夹角 θ 的两倍。图中给出的二次反射棱镜的两反射面夹角分别为 $22.5°$、$45°$、$90°$、$180°$，因此，出射光线相对于入射光线偏转的角度分别为 $45°$、$90°$、$180°$、$360°$。

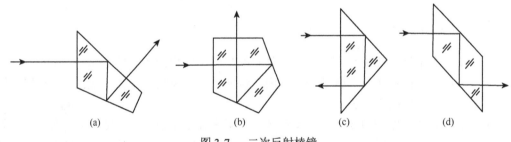

图 3-7　二次反射棱镜

三次反射棱镜中最常用的有施密特棱镜，如图 3-8 所示。它使光轴转折 $45°$ 角，由于棱镜中的光轴折叠，因此，对缩小仪器的体积非常有利。

2. 屋脊棱镜

光学系统中，光线经平面镜或棱镜系统时的总反射次数可能为奇数，这时，物体成镜像。如果想获得与物体相似的一致像，仪器结构中又不宜再增加反射面，就可以考虑使用两个互相垂直的反射面代替其中的一个反射面。类似建筑物顶部的屋脊，将两个互相垂直的反射面称为屋脊面，带有屋脊面的棱镜就叫屋脊棱镜，如图 3-9 所示，给出屋脊棱镜的结构与入射、反射光线的"镜像"关系。

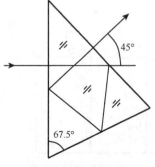

图 3-8　施密特棱镜

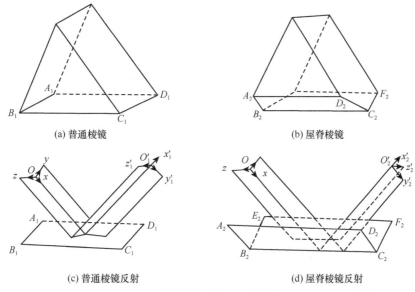

(a) 普通棱镜　　　　　　　　　　　　(b) 屋脊棱镜

(c) 普通棱镜反射　　　　　　　　　　(d) 屋脊棱镜反射

图 3-9　屋脊棱镜结构及"镜像"关系

　　屋脊棱镜的作用就是在不改变光轴方向和主截面内成像方向的条件下,增加一次反射,使系统总的反射次数由奇数变成偶数,从而达到物体与像相似的目的要求。

3. 复合棱镜

　　根据眼视光仪器实际使用的情况,常需要将两个或两个以上反射棱镜组合,这样的棱镜组合被称为复合棱镜。

　　组合棱镜中,各分棱镜的主截面可以位于同一平面内,也可不在同一平面内。如图 3-10 所示为一分光棱镜,它可以把一束光通过棱镜间的半透膜分成任意光强度比值的两束出射光。

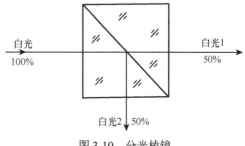

白光 100% → 白光1 50%

白光2 ↓ 50%

图 3-10　分光棱镜

　　图 3-11 所示为普罗Ⅰ型转像棱镜系统,它由两块二次反射直角棱镜组成,它们的主截面互相垂直。这种复合棱镜除了折转光轴外,还有转像的作用。

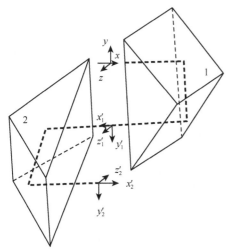

图 3-11　普罗Ⅰ型转像棱镜

3.3.2　折射棱镜

　　如图 3-12 所示,由两个夹一定角度的折射平面所构成的光学零件称为**折射棱镜**(refraction prism)。这一夹角称为折射角 α(也称为棱镜顶角),两工作面的交线称为折射棱,垂直于折射棱的平面 ABC 称为主截面。

1. 折射棱镜的最小偏向角

　　从图 3-12 中看出,折射棱镜的两工作面(折射面)是不同轴的,因此,不能把这种棱镜看成是一块平行平板。入射光线 DE 经两折射面折射后,沿 FG

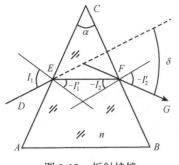

图 3-12　折射棱镜

方向射出。出射光线 FG 和入射光线 DE 的夹角称为偏向角，以 δ 表示。通常规定，δ 由入射光线方向按锐角转至出射光线方向，顺时针为正，逆时针为负。各折射面上的入射角 I 和折射角 I'，则由光线按锐角方向转至法线，顺时针为正，反之为负。设棱镜的折射率为 n，由图 3-12 中的角度关系，可导出偏向角 δ 的函数表达式为

$$\sin\frac{1}{2}(\alpha+\delta)=\frac{n\sin\dfrac{a}{2}\cos\dfrac{1}{2}(I_1'+I_2)}{\cos\dfrac{1}{2}(I_1+I_2')} \tag{3-5}$$

由 (3-5) 式可知，偏向角 δ 是 I_1、α 和 n 的函数。当光线通过给定棱镜时，α 和 n 已为定值，因此，光线的偏向角 δ 只是入射角 I_1 的函数。图 3-13 所示的是光线经一个 $\alpha=60°,n=1.5$ 的棱镜折射后的偏向角 δ 曲线。由图中曲线可知，$\delta \sim I_1$ 曲线存在极小值方 δ_m，称为最小偏向角。

可以证明，当满足：$I_1=-I_2'$；$I_1'=-I_2$ 时，也即只有当光线的光路对称于棱镜时，δ 为极小值 δ_m，将此关系式代入 (3-5) 式，可得最小偏向角的简单表示式：

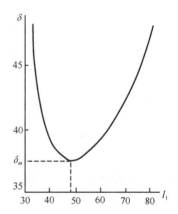

图 3-13　最小偏向角与入射角的关系

$$\sin\frac{1}{2}(\alpha+\delta_m)=n\sin\frac{\alpha}{2} \tag{3-6}$$

式 (3-6) 常用来测量光学材料 (如玻璃等) 的折射率。为此，需将被测材料磨成折射角为 $60°$ 的棱镜，精确地测出折射角 α 和最小偏向角 δ_m 后，即可用 (3-6) 式求折射率 n 值。

2. 棱镜的色散

折射棱镜的主要作用，除以上讨论的使通过它的光线行进方向相对于原来的方向发生偏折作用外，还存在对光的色散作用。由 (3-5) 式可知，偏向角 δ 是介质折射率 n 的函数，而折射率 n 又是波长 λ 的函数 (即介质对不同波长的光具有不同的折射率)，因此，偏向角 δ 应是波长 λ 的函数。这样，当一束白光以同一入射角 I_1 入射该折射棱镜后，由于不同波长的色光有不同的折射率而产生不同的偏向角。因而，经棱镜折射出后，在出射空间被分解为由各种色光组成的连续光谱色带，这种现象叫做**光的色散**。如图 3-14 所示为一棱镜光谱仪的原理图，由于红光波长较长，折射率低，则产生的偏向角最小；而紫光的波长短，折射率高，则偏向角最大。

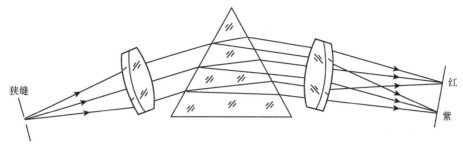

图 3-14 棱镜的色散

§3.4 薄棱镜和薄棱镜组合

3.4.1 薄棱镜

当折射棱镜的顶角 α 很小时，这样的棱镜称为薄棱镜(光楔)，此时，顶角 α 和偏向角 δ 的正弦值都可以用其弧度值来代替，于是，式(3-6)可简写为:

$$(\alpha + \delta_m) = n\alpha$$

这样，可得空气中的薄棱镜公式为:

$$\delta = \alpha(n-1) \tag{3-7}$$

因为这类棱镜总是在最小偏向角或接近于最小偏向角的情况下使用，所以，式中 δ 的下标可略去。此式表明，当光线垂直或近于垂直入射薄棱镜时，其所产生的偏向角仅取决于薄棱镜的顶角 α 和折射率 n。

在视光学中，采用偏向角来表示棱镜片对光线的偏向能力，将棱镜片使光线产生的偏向角称为**棱镜焦度**(prismatic power)，用符号 P 表示。偏向角的单位有度(°)、弧度(rad)和棱镜度(△)。度和弧度是大家熟悉的角度度量单位，而棱镜度的定义为:光线通过棱镜片上某一特定点后产生的偏离。如图 3-15 所示，距离棱镜 1m 处，如果出射光线偏离入射光线方向为 1cm，则偏向角(棱镜焦度)为 **1 棱镜度**(prism diopter)，记为 $1^\triangle$。在国际单位制(SI)中，用 cm／m 表示，即 $1^\triangle = 1cm/m$。

由图 2-25 可以推导棱镜片的偏向角 δ 度(°)与棱镜度(△)的换算关系式

$$P = 100\tan\delta \tag{3-8}$$

式(3-8)中，偏向角 δ 的单位为度(°)；P 为棱镜焦度，单位为棱镜度(△)。

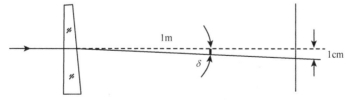

图 3-15 棱镜的折光本领

图 3-16 所示为人眼通过薄棱镜观看物体的情况，由于棱镜使光线向底边方向偏折，则人眼所见的像会向上横移。在眼科及视光学中，就常利用这种薄棱镜来矫正斜视。

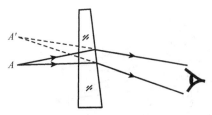

图 3-16 薄棱镜成像的观察

3.4.2 薄棱镜组合

在测量双眼的调节功能时，眼科医生常用一种由两个折光本领（即偏向角）相同的薄棱镜组合而成的器件，此两棱镜可以在它们自身所在的平面内相对转动，如图 3-17(a) 所示。这种器件通常称为累斯莱(Risley)或赫谢耳(Herschel)棱镜，其作用等效于一个折光本领（即合偏向角）可变的单棱镜。

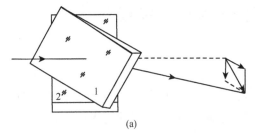
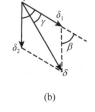

图 3-17 两个薄棱镜组合

当两棱镜平行重合时，合偏向角为每个棱镜的两倍，当两棱镜方向相反时，其合偏向角为零。由于两偏向角合成可按矢量方法相加，如图 3-17(b) 所示，因此，可求出合偏向角与两棱镜夹角 β 之间的关系为：

$$\delta = \sqrt{\delta_1^2 + \delta_2^2 + 2\delta_1\delta_2 \cos\beta} \tag{3-9}$$

又由于 $\delta_1 = \delta_2$，于是，我们把两个偏向角都称为 δ_0，所以，上式可简化为

$$\delta = \sqrt{2\delta_0^2(1+\cos\beta)} = 2\delta_0 \cos\frac{\beta}{2} \tag{3-10}$$

式中，$\beta/2$ 为一个棱镜转过的角度，β 为两棱镜的相对转角。

此外，还可以求出合偏向角 δ 与薄棱镜 1 的偏向角 δ_1 之间的夹角 γ 的关系式为

$$\tan\gamma = \frac{\delta_2 \sin\beta}{\delta_1 + \delta_2 \cos\beta} = \tan\frac{\beta}{2} \tag{3-11}$$

即有

$$\gamma = \frac{\beta}{2} \tag{3-12}$$

§3.5 光 学 材 料

光学成像总是要通过光学零件的折射和反射来实现。那么什么材料可以用来制造光学零件呢？这主要取决于它对要求成像的波段是否透明，或者在反射的情况下是否有足够高的反射率。

3.5.1 折射光学零件的材料

折射光学零件的材料主要是无色透明材料，包括光学玻璃、光学晶体和光学塑料三大

类。透射材料的光学特性，首先是它对不同波长色光的透过率。

光学玻璃是用得最早、最广泛的一种光学材料，它属于无机高分子凝聚态物质。一般光学玻璃能够透明的波段范围大约为 0.35～2.5 微米；在 0.4 微米以下波段，则显示出对光的强烈吸收。随着玻璃熔炼技术的提高，其透过波长可延伸到 0.2 微米的紫外光或到 20 微米的红外光线范围。

光学晶体是具有规则排列结构的固体。有些晶体的透过波段很宽，性能特异，有多方面的应用，特别是在光电子技术等方面。

光学塑料已开始普遍应用于许多光学仪器中，它属于有机高分子化合物，其特点是抗冲击、质轻、价廉和成型方便(生产效率高)，它的光谱透过率比光学玻璃大 2%；但缺点是热膨胀系数和折射率的温度系数较大[光学玻璃为 $(5\sim9)\times10^{-6}/C$，而光学塑料为 $7\times10^{-5}/C$]，而且表面硬度较玻璃低、不耐摩擦。随着塑料镜片制作工艺及镀膜技术的提高，使得光学塑料在眼镜片的制作中，占有越来越大的比重。

透射材料的光学特性除透过率外，还有它对各种特征谱线的折射率。在光学中以夫琅和费(Fraunhofer)谱线作为特征单色谱线，它们的谱线代号、波长以及产生这些谱线的元素列于表 3-1。透明材料在上述各种谱线的折射率中，以 D 或 d 光的折射率 n_D 或 n_d，以及 F 线和 C 线的折射率差 $n_F - n_c$ 作为其主要光学性能参数。这是因为 F 线和 C 线接近人眼光谱敏感区的两端，而 D 和 d 光在其中间，接近人眼最敏感的波长(0.555 微米)。因此，n_D 称为平均折射率，并作为主折射率；$n_F - n_c$ 称为平均色散或中部色散。

表 3-1　夫琅和费谱线代号、元素、波长和五种光学玻璃的折射率

谱线代号	化学元素	波长 (nm)	折射率				
			轻冕玻璃(QK_3)	冕玻璃(K_9)	轻火石玻璃(QF_3)	火石玻璃(F_5)	重火石玻璃(ZF_6)
C	H	656.27	1.48530	1.51389	1.57089	1.61925	1.74732
D	Na	589.29	1.48740	1.51630	1.57490	1.62420	1.75500
d	He	587.56	1.48746	1.51637	1.57502	1.62435	1.75523
e	Hg	546.07	1.48911	1.51829	1.57832	1.62847	1.76171
F	H	486.13	1.49226	1.52195	1.58481	1.63663	1.77475
g	Hg	435.84	1.49596	1.52626	1.59280	1.64677	1.79134

此外，$\gamma_D = (n_D - 1)/(n_F - n_c)$ 称为阿贝(Abbe)常数或平均色散系数(或称色散率)，阿贝常数的倒数称色散本领。任一对谱线的折射率差，如 $n_g - n_e$，称为部分色散；部分色散和平均色散的比值称为相对色散或部分色散系数。表 3-2 中列出了五种光学玻璃的折射率、中部色散(平均色散)和色散系数(阿贝常数)。

表 3-2　五种光学玻璃的折射率、中部色散(平均色散)和色散系数(阿贝常数)

玻璃牌号	折射率(n_D)	中部色散($n_F - n_c$)	色散系数(阿贝常数)
轻冕玻璃(QK_3)	1.48740	0.006960	70.03
冕玻璃(K_9)	1.51630	0.008060	64.06
轻火石玻璃(QF_3)	1.57490	0.013920	41.30
火石玻璃(F_5)	1.62420	0.017380	35.9l
重火石玻璃(ZF_6)	1.75500	0.027430	27.52

为设计各种完善和高性能的光学系统，需要很多种光学玻璃以供选择。按光学常数不同，光学玻璃可分冕牌玻璃(以 K 表示)和火石玻璃(以 F 表示)两大类。每一大类中又分许多种类，每一种类又有许多牌号，用符号后跟数字以志区别。如表 3-3 所示，为我国光学玻璃品种及牌号数，共有 18 个品种，141 个牌号。一般来说，冕牌玻璃的特征是低折射率(n_D=1.50～1.54)、低色散(指色散本领低，γ_D=55～66)；而火石玻璃则是高折射率(n_D=1.60～1.64)、高色散(指色散本领高，γ_D=35～38)。但随着光学玻璃工业的发展，高折射率低色散和低折射率高色散的玻璃也不断熔炼了出来，使品种和牌号得到扩充，促进了光学工业的发展。图 3-18 所示为我国光学玻璃按折射率 n_D 和阿贝数 γ_D 的不同而分布的 n_D～γ_D 图。

表 3-3 光学玻璃类型

名称	代号	玻璃牌号数	名称	代号	玻璃牌号数
氟冕	FK	2	轻火石	QF	8
轻冕	QK	3	火石	F	9
磷冕	PK	2	钡火石	BaF	10
冕	K	14	重钡火石	ZBaF	14
钡冕	BaK	11	重火石	ZF	13
重冕	ZK	13	镧火石	LaF	10
镧冕	LaK	12	重镧火石	ZLaF	5
特冕	TK	1	钛火石	TiF	4
冕火石	KF	4	特种火石	TF	6

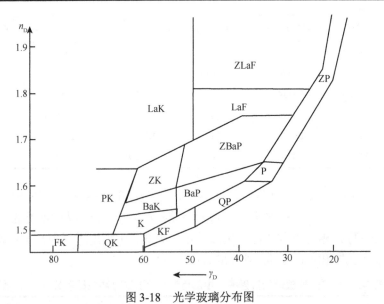

图 3-18 光学玻璃分布图

在国外，还通行另一种用六位数字表示玻璃的方法，其中前三位数代表平均折射率小数点后的三位数，后三位数表示阿贝常数。例如 589612，即表示这种玻璃的平均折射率为 1.589，阿贝常数为 61.2。

透射光学材料除上述透过率和光学常数的要求外，还应有高度的光学均匀性、化学稳定性和良好的物理性能，同时在材料中不应有明显的气泡、条纹和内应力等缺陷。这些都对光学成像有危害性。

　　普通的眼镜片玻璃常选用光学玻璃中的冕牌或钡冕玻璃的化学组成,按光学玻璃的要求进行熔制,折射率 $n \approx 1.53$,可见光的透过率、机械与化学性能都比较好。无色光学眼镜片能吸收 $0.32\,\mu m$ 以下的紫外线,可见光区的平均透过率为 92% 以上,特别适于配制对色度要求较高的工作或化学分析人员的眼镜片。加有少量着色剂的克罗克斯(简称克斯)眼镜片和克罗克赛(简称克赛)眼镜片,均对 $0.345\,\mu m$ 以下的紫外光线能全部吸收,除前者在可见光区 $0.58\,\mu m$ 处的透过率有一个明显的吸收峰,在近红外光区有两个小的吸收峰外,两者在可见光区的透过率约 88%,这样,既能适当地减弱了强光对眼睛的刺激,又能保证视物清晰舒适,而且也增加美观。

　　有色光学玻璃则是一种滤光材料,常用来制作滤光镜(也即滤色镜,如有色太阳镜,红绿眼镜等)。有色光学玻璃与无色光学玻璃的主要区别,在于其吸收系数的不同。无色光学玻璃的吸收系数不仅很小,而且随波长变化也很小;但有色玻璃的吸收系数随波长不同而变化,当某波长的吸收系数特别大时,透过的只是此波长的补色,于是外在显示出颜色。此外,还有一种中性玻璃,它对各波长的光都均匀吸收,但吸收系数比无色光学玻璃大得多,对着白光观看则透光颜色呈现灰色。有色光学玻璃是在无色光学玻璃的原料中加入着色剂而成的。因着色剂不同而又分为胶体着色玻璃和离子着色玻璃两大类。

3.5.2　反射光学零件的材料

　　反射光学零件一般都是在正确形状的抛光玻璃表面上镀以高反射率材料的薄膜而成。因为反射时不存在光的色散现象,反射层材料的唯一特征是它对各种波长光的反射率。

　　反射膜一般都用金属材料镀制。由于不同的金属表面对同一种波长的色光有不同的反射率,而同一种金属表面对不同波长的色光也有不同的反射率;因此不同金属的反射面,其适用波段是不同的。例如,在可见光范围常用银或铝等金属作为反射材料。银在 $350 \sim 750\,nm$ 的可见波段具有最高的反射率,高达 95%;但镀银面的反射率要随使用时间的加长而降低。铝的反射率比银低,但铝反射面由于能在空气中形成致密氧化层,使镜面反射率能保持稳定,十分经久耐用。在红外区,金具有最好的反射特性,但在 $2\,\mu m$ 以内的近红外区,铝、银等也并不逊色。在 $0.35\,\mu m$ 以下的紫外区,铝具有最高的反射率,而银已是对其透明而不能应用了。在 $0.1\,\mu m$ 以下,铝也成为透明物质,此时只能采用铂,尽管其反射率并不高。所以,紫外系统主要是受材料的限制而在发展上有很大的困难。

　　有关玻璃数据的详细资料,可查阅光学技术手册或光学玻璃目录等文献资料。

习　题　三

3-1　人要通过平面镜看到自己的全身,问此镜至少要多高?且其底边离地应多高?

3-2　标准视力表灯箱挂在墙上,灯箱高 1m,宽 0.3m,下边缘离地面 1.6m。在灯箱对面相距 2.5m 的墙上,安放一平面镜。现将被检者坐在该灯箱下,通过平面镜观看视力表,其眼睛离地高度为 1.4m,试问该平面镜的低边离地应有多高?且其最小尺寸又应是多少?

[1.5m]

3-3 一透镜焦距为1m，现在其前焦点处置一发光点，在透镜后面置一平面镜把光束反射回透镜，并在前焦平面上成一点像，它和原发光点的距离为 1mm，问此平面镜的倾角为多少？

[0.06°]

3-4 在厚度 $d=6$cm，$n=1.5$ 的平行平板前 10cm 处置一物，试求像相对于物的轴向位移?如果物体位置变化了，像相对于物的位置有何变化？

[2cm]

3-5 在焦距为 10cm 的凸透镜前 15cm 处，放一物于主轴上，在该透镜后 15cm 处垂直于光轴放一平面镜，试求像的位置，并作光路图说明之。

[30cm]

3-6 如图 3-19 所示，(a)表示为一薄棱镜在透镜前移动；(b)为一对相同的薄棱镜在透镜前相对转动；(c)为一平行平板在透镜前转动。试问物点 A 通过这一系统后所成的像点 A′，在位置上有何变化？

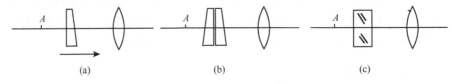

图 3-19 习题 3-6 图

3-7 某水池底有一物，从上往下看其水深约为 1m，求实际水深为多少？ ($n_水 = 4/3$)

[1.33 m]

3-8 有一等边折射三棱镜，其折射率 1.65，试求：光线经该三棱镜折射后产生最小偏向角时的(1)最小偏向角；(2)入射角。

[51.18°；55.59°]

3-9 两个薄棱镜的折光度数(即棱镜度)均为 6.0$^\triangle$，试问它们的相对转角 β 为多少度时，才能得到下列的合棱镜度：0$^\triangle$，4.0$^\triangle$，8.0$^\triangle$，10.0$^\triangle$ 及 12.0$^\triangle$。

[180°；141.02°；96.48°；67.48°；9.78°]

3-10 两个薄棱镜的棱镜度分别为 5.0$^\triangle$ 及 7.0$^\triangle$，它们的相对转角 $\beta = 75.0°$，试求：(1)此棱镜组合的合偏向角；(2)合棱镜度；(3)合偏向角与有较大棱镜度的薄棱镜产生的偏向角之间的夹角。

[5.491°；9.6$^\triangle$；30°]

(廖新华)

第四章 球面系统

绝大部分光学系统可分为共轴球面系统和平面系统两大类。若所有的光学界面均为球面(平面可视为曲率半径为无限大的球面),即称为球面系统。若各球面的球心均位于一条直线上,则该光学系统称为共轴球面系统。这条连接各球心的直线称为光轴。由于反射面只是折射面在 $n' = -n$ 时的特殊情况,平面是半径为无穷大的球面,故球面系统是最具普遍意义的。

§4.1 光线经单个折射球面成像

我们首先讨论光线经单个折射球面的光路计算方法,有了这个计算方法就可以方便地解决光线经整个球面系统的计算问题。

在图 4-1 中,折射球面的半径为 r,通过球心 C 的直线就是光轴,光轴与球面的交点 O 称为顶点,折射球面两边的介质折射率分别为 n 和 n'。

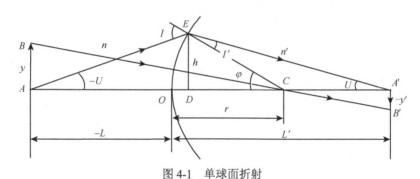

图 4-1 单球面折射

从光轴上任一物点 A 发出的一条光线,其传播路径将遵循几何光学基本定律。光线经球面折射后,与光轴相交于 A' 点,则 A' 点称为物点 A 的像。因此,成像问题实质上就是光线的传波问题。

当折射面的结构参数 n, r, n' 已知时,如何由入射光线位置求出其相应的出射光线位置,即是本节所要讨论的主要问题。

4.1.1 截距、孔径角

在含光轴的面内,入射到球面上的光线 AE 可以用两个量来确定其位置。一个是顶点 O 到光线与光轴的交点 A 的距离,以 L 表示,称为**截距**(intercept);另一个是入射光线与光轴的夹角,以 U 表示,称为**孔径角**(angle of aperture)。这条光线经球面折射后仍在含轴面内,其位置相应的也可用截距和孔径角这两个量确定。但为了区分,则在表达这两个量的字母右上方加撇,即 L' 和 U',L 和 U 称为物方截矩[简称**物距**(object distance)]和物方孔径角;L' 和 U' 称为像方截矩[简称**像距**(image distance)]和像方孔径角。通常,对于像方空间的量值，均用与物方相应值相同的字母并在右上方加撇来表示。

4.1.2 符号规则

为使确定光线位置的参量具有确切的含义，并推导出普适于所有可能情况的光路计算一般公式，必须对这些量以及其他有关量给出一套符号规则。本书采用的符号规则如下：

1. 线段

和数学中所采用的坐标方向一样，规定由左向右(与光线传播方向相同)为正，由下向上为正；反之则为负。各线段参量的计算起点和计算方法如下：

截距 L 和 L'——由球面顶点为起点(即为原点)算到光线与光轴的交点，向右为正；

球面半径 r——由球面顶点为起点(即为原点)算到球心，向右为正；

两球面间隔 d——由前一球面顶点为起点算到下一球面顶点，向右为正；

物高 y 和像高 y'——以光轴为界，向上为正，向下为负。

2. 角度

一律以锐角来度量，规定以顺时针转为正，逆时针转为负。各角度参量的起始轴和转动方向为：

孔径角 U 和 U'——由光轴转到光线；

入射角 I 和折射角 I'——由光线转到法线；

法线与光轴夹角 φ(即球心角)——由光轴转到法线。

其他参量的计算起点或起始轴待以后出现时再指出。

图 4-1 中的有关量即是按上述符号规定画出的。图中 L'，U'，r，h，y，φ，I 和 I'为正值，L，U 和 y'为负值。应注意，由于光路图中的所有几何量都一律以绝对值标注。因此，对于负的线段或角度必须在表示该量的字母或数字前加一负号。

应用了符号规则，还可以使折射的公式适用于反射的情形，只需将 n' 用 $-n$ 代入即可。

要指出的是：符号规则是人为规定的，不同书上可能有所不同，但在使用中只能选择一种，不能混淆、否则不能得到正确的结果。

4.1.3 单个折射球面的光路计算公式

下面，我们将按照上面的符号规则，讨论在给定结构参数 n，r，n'时，如何由已知入射光线坐标 L 和 U 求出折射光线的坐标 L'和 U'。这一过程也称为光路追迹。

如图 4-1 所示，对 $\triangle AEC$ 应用正弦定理有

$$\frac{\sin(180° - I)}{r - L} = \frac{\sin(-U)}{r}$$

化简整理后可得

$$\sin I = \frac{L - r}{r}\sin U \tag{4-1}$$

又由折射定律可得

$$\sin I' = \frac{n}{n'}\sin I \tag{4-2}$$

由图可知：$\varphi = u + I = u' + I'$，整理后得：

$$U' = U + I - I' \tag{4-3}$$

同样，在 $\triangle A'EC$ 中应用正弦定理得：$\dfrac{\sin I'}{L' - r} = \dfrac{\sin U'}{r}$，化简整理后可得：

$$L' = r + \frac{r \sin I'}{\sin U'} \tag{4-4}$$

式(4-1)～式(4-4)就是含轴面内，光线光路计算的基本公式。对于给定的 n、r、n'、L、U，利用这四个公式的顺序进行计算，即可求出折射光线的 L' 和 U'。

由于折射面对称于光轴，所以轴上点 A 发出的任一条光线可以表示该光线绕轴一周所形成的圆锥面上全部光线的光路。显然，这些光线在像方应交光轴上同一点。见图4-2(a)。

由公式(4-1)～式(4-4)进一步分析可知，当 L 确定时，L' 是孔径角 U 的函数。那么，虽然轴上某物点 A 发出的是同心光束，但不同孔径角 U 的光线经球面折射后，将有不同的 L' 值。孔径角 U 增大，像距 L' 减小。因此，其像方光束不和光轴相交于一点，整个像方光束失去了同心性。所以，对于单球面成像，一般说是不完善的。下面，举一个实例计算说明。

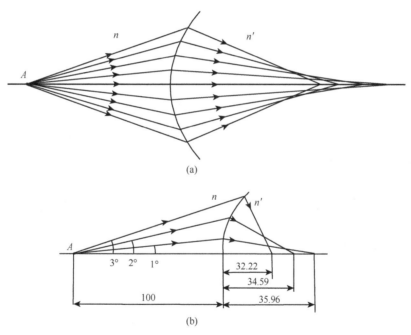

图 4-2 入射光线经单球面的折射

计算光轴上某物点 A 发出的三条入射光线经球面折射后的出射光线，如图4-2(b)所示。已知一球面半径为 10 毫米，球面两边的折射率 $n = 1.5163$。三条入射光线的坐标分别为：

第一条入射光线：$L = -100\text{mm}$；$U = -1°$

第二条入射光线：$L = -100\text{mm}$；$U = -2°$

第三条入射光线：$L = -100\text{mm}$；$U = -3°$

由光路计算公式(4-1)～式(4-4)，可计算出三条出射光线的坐标为

第一条出射光线：$L' = 35.969\text{mm}$；$U' = 2.7945°$

第二条出射光线：L'=34.591mm；U'=5.9094°

第三条出射光线：L'=32.227mm；U'=9.83550°

上面的计算结果表明，虽然轴上某物点 A 发出的三条光线是同心光束，但它们经球面折射后不再交于光轴上同一点(L'值不同)，像方光束失去了同心性。所以，轴上一点以较大的孔径角经单球面成像时，一般是不完善的，这种现象被称为"球差"。

4.1.4 近轴光线的光路计算公式

在图 4-1 中，考察 U 很小的光线，其相应的 I、I' 和 U' 角也很小，则这些角度的正弦值可以用弧度值来代替，即 $\sin U \approx U$，$\sin I \approx I$，$\sin I' \approx I'$，$\sin U' \approx U'$；为区别起见，用小写字母 u、i、i' 和 u' 来表示。这样的光线，称为**近轴光线**(axial ray)或傍轴光线。近轴光线所在的区域，称为近轴区(或傍轴区)。至于 U 小到什么程度，取决于用幅度值代替角度值所产生的相对误差允许值。

因此，对于近轴光线，将 $\sin u \approx u$，$\sin i \approx i$，$\sin i' \approx i'$ 和 $\sin u' \approx u'$ 直接代入式(4-1)～式(4-4)，可得到其光路计算公式：

$$i = \frac{l-r}{r}u \tag{4-5}$$

$$i' = \frac{n}{n'}i \tag{4-6}$$

$$u' = u + i - i' \tag{4-7}$$

$$l' = r + r\frac{i'}{u'} \tag{4-8}$$

上述公式计算的近轴光线，若孔径角度在 5° 范围内，则相对误差值为千分之一；若在 1.5° 范围内，则相对误差为万分之一。

§4.2 单球面折射的近轴区成像性质和物像关系

4.2.1 近轴区成像性质

由公式(4-5)～式(4-8)可推导出像距公式，即

$$l' = \frac{n'lr}{n'l - nl + nr} \tag{4-9}$$

式(4-9)表明，当结构参数 n、r、n' 确定时，像距 l' 只是物距 l 的函数，而与孔径角 u 的大小无关。这表明由轴上物点 A 以细光束(即近轴光束)成像时，其像是完善的，称之为**高斯像**(Gauss image)**[**即**理想像**(ideal image)**]**。通过高斯像点垂直于光轴的像面称为高斯像面(即为理想像面)。构成物像关系的这一对应点，称为共轭点。一对共轭点之间的距离，称为共轭距。在近轴区内，物像之间具有一一对应的共轭关系。研究光学系统近轴区成像性质和规律的光学称为近轴光学，也称高斯光学。

当物体是一个垂轴平面时，如图 4-3 所示，AB 为垂直光轴的物体，过轴外点 B 和球心 C 作辅助线 BC。对于单球面来说，通过球心 U 的任一条直线都可看作是它的光轴。为

区别于主光轴 AC,则称辅助线 BC 为辅轴。因此,轴外点 B 相对于辅轴 BC 来说就相当于一个轴上点。A' 点是 A 点的近轴像点。若以球心 C 为圆心,分别以 CA 和 CA' 为半径作圆弧交辅轴 BC 于 B_1 和 B_1',则 B_1' 也是 B_1 的近轴像点,显然,圆弧 $A'B_1'$ 是 AB_1 的理想像。在图中,因为 B 点在 B_1 点的左侧,故由近轴光路计算公式可知,B' 点也必在 B_1' 点的左侧。由此可见,若 AB 是一垂轴平面时,则它经球面折射后,所形成的实际细光束像面不再是平面,而是一个相切于 A' 点且比球面 $A'B_1'$ 更为弯曲的回转曲面 $A'B''$。但当物 AB 对折射球面的张角 ω 很小时(即位于近轴区),则有 $\omega \approx \tan\omega \approx \sin\omega$,于是可以近似地认为 AB 和 $A'B'$ 均在两球面(AB_1 和 $A'B_1'$)垂直于光轴的切平面上。所以,只有在近轴区以近轴光线成像,才可认为 $A'B'$ 为 AB 的理想像。

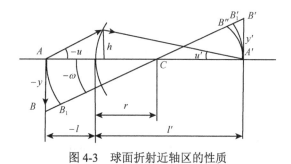

图 4-3 球面折射近轴区的性质

4.2.2 近轴区的物像位置关系式

利用式(4-5)和式(4-8)中的 i 和 i',代入式(4-6),并考虑近轴条件下,图 4-3 中关系:
$h = l\tan u \approx lu$ 和 $h = l'\tan u' \approx l'u'$,即

$$lu = l'u' = h \tag{4-10}$$

可导出由物距 l 和结构参数 n,r,n' 表示的物像位置关系式

$$n\left(\frac{1}{r} - \frac{1}{l}\right) = n'\left(\frac{1}{r} - \frac{1}{l'}\right) \tag{4-11}$$

或为

$$\frac{n'}{l'} - \frac{n}{l} = \frac{n'-n}{r} \tag{4-12}$$

将上式变换形式可得孔径角之间的关系式

$$n'u' - nu = \frac{n'-n}{r}h \tag{4-13}$$

式(4-11)~式(4-13)实际上只是一个公式的三种不同表示形式,以便于不同情况下选择使用。式(4-12)也称为单球面的高斯公式。对于给定物距 l 的物点,随球面半径 r 和两边介质折射率 n 和 n' 的不同,像的位置 l' 也不同。因此,此公式右边的项 $(n'-n)/r$,是一个表征折射球面光学特性的量,称为**单折射球面的光焦度**(或称屈光力,屈折力),用字母 ϕ 表示,即

$$\phi = \frac{n'-n}{r} \tag{4-14}$$

对于给定光焦度的球面,由式(4-12)可知,像点位置随物点位置不同而变化。当物点位于

无穷远的光轴上，即当光线平行于光轴入射时，则按式(4-12)可求得此时的像点位置为

$$l' = f' = \frac{n'r}{n'-n} \tag{4-15}$$

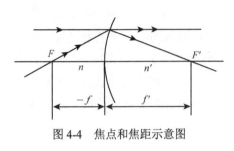

图 4-4　焦点和焦距示意图

由此式决定的像点，即无穷远轴上物点被折射球面所成的像点；称为像方焦点(或后焦点)，以 F' 表示；而由此式得出的像距，称为像方焦距(或后焦距)，以 f' 表示，如图 4-4 所示。与之相应的，能使球面对其成像于像方无穷远的光轴上的物点，称为物方焦点(或前焦点)，以 F 表示；而此时对应于 $l'=\infty$ 的物距，称为物方焦距(或前焦距)，以 f 表示为

$$l = f = -\frac{nr}{n'-n} \tag{4-16}$$

根据以上三个公式，可得单折射球面的光焦度和焦距之间的关系为

$$\phi = \frac{n'}{f'} = -\frac{n}{f} \tag{4-17}$$

由以上公式可知，当 $f'>0$ 时，像方焦点位于球面顶点右边，是由实际平行光束会聚而成的实焦点；反之，若 $f'<0$ 时，则像方焦点位于球面顶点的左边，是由发散光束的延长线相交而成的虚焦点。所以，焦距或光焦度的正负决定了折射球面对光束折射的会聚或发散特性，即 $\phi>0$ 时，对光束起会聚作用；即 $\phi<0$ 时，对光束起发散作用。

对于单折射球面，其两焦距之间还具有如下关系

$$f' + f = r \tag{4-18}$$

4.2.3　近轴区的成像放大率

当折射球面对有限大小的物体成像时，只讨论其成像位置是不够的，还有放大率问题、像的虚实、倒正等问题。物像大小之间的比例关系定义为光学系统的放大率，若从不同角度来描述这种物像比例关系，可得到三种不同的放大率，下面在近轴区内予以讨论。

1. 垂轴放大率

如图 4-5 所示，近轴区内一垂轴线段 AB，经折射球面成像为 $A'B'$，因为理想成像，故 $A'B'$ 也垂直于光轴。如果过 B 点和球心 C 作一条辅轴 BC，则由辅轴上 B 点发出的沿轴

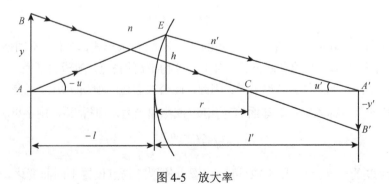

图 4-5　放大率

光线必然不发生偏折地直接到达 B' 点，也就是说 B 点的像 B' 必然位于过 A' 点的垂轴线段与辅轴的交点上。这里，AB 和 $A'B'$ 分别称为物高和像高，根据符号规则，$AB=y$，$A'B'=-y'$。定义像高 y' 与物高 y 之比为**垂轴放大率**(lateral/transverse magnification)（或横向放大率），用 β 表示，即

$$\beta=\frac{y'}{y} \tag{4-19}$$

由于 $\triangle ABC$ 相似于 $\triangle A'B'C$，可得

$$\frac{-y'}{y}=\frac{l'-r}{-l+r} \quad 或 \quad \frac{y'}{y}=\frac{l'-r}{l-r}$$

对式(4-11)进行整理，得 $\dfrac{l'-r}{l-r}=\dfrac{nl'}{n'l}$，代入上式可得垂轴放大率关系式

$$\beta=\frac{y'}{y}=\frac{nl'}{n'l} \tag{4-20}$$

上式表明，折射球面的垂轴放大率仅取决于介质的折射率和物体的位置，而与物体的大小无关。当 n 和 n' 一定时，随着物体的位置改变，像的位置和大小也跟着改变。对于确定的一对共轭面，则垂轴放大率为一常数。

当 $\beta<0$ 时，表示成倒像。此时 l 和 l' 必异号，表示物和像分居于折射球面两侧，而且像的虚实与物一致，即实物成实像或虚物成虚像。

当 $\beta>0$ 时，表示成正像。此时 l 和 l' 必同号，即物和像位于折射球面的同侧，但像的虚实与物相反，即实物成虚像或虚物成实像。

2. 轴向放大率

对于有一定大小的物体，其沿轴向也有一定大小，沿轴向尺寸经球面成像后的大小如何变化，这就是轴向放大率问题。轴向放大率是指轴上一对共轭点沿轴移动量之间的比例关系。设物点沿轴移动一个微小距离 $\mathrm{d}l$，相应的像移动 $\mathrm{d}l'$，则轴向放大率(用 α 表示)定义为

$$\alpha=\frac{\mathrm{d}l'}{\mathrm{d}l} \tag{4-21}$$

对于单折射球面，其轴向放大率可由式(4-12)导出，即对此式微分，得

$$-\frac{n'\mathrm{d}l'}{l'^2}+\frac{n\mathrm{d}l}{l^2}=0$$

则

$$\alpha=\frac{\mathrm{d}l'}{\mathrm{d}l}=\frac{nl'^2}{n'l^2} \tag{4-22}$$

其与垂轴放大率的关系为

$$\alpha=\frac{n'}{n}\beta^2 \tag{4-23}$$

上式表明：①如果物体是一个立方体，由于垂轴放大率和轴向放大率不一致，其像不再是立方体。所以，折射球面不能获得立体物体的相似像。②轴向放大率恒为正值，这表示物沿轴移动时，其像也以相同的方向沿轴移动。

3. 角放大率

在近轴区内，通过物点的光线经球面折射后，必然通过相应的像点，这样一对共轭光线的像方孔径角 u' 与物方孔径角 u 之比称为角放大率，用 γ 表示，即

$$\gamma = \frac{u'}{u} \tag{4-24}$$

利用近轴关系式 $lu = l'u'$，上式可写为

$$\gamma = \frac{u'}{u} = \frac{l}{l'} \tag{4-25}$$

和式(4-20)相比较，可得

$$\gamma = \frac{n}{n'} \cdot \frac{1}{\beta} \tag{4-26}$$

4. 三种放大率之间的关系

利用式(4-23)和式(4-26)可得三个放大率之间的关系

$$\alpha \cdot \gamma = \beta \tag{4-27}$$

§4.3 共轴球面系统

前面，我们对单折射球面的成像问题进行了讨论，并导出了近轴光线的光路计算公式和放大率公式。但是，除了反射镜外，单折射球面不能作为一个基本成像元件，基本成像元件至少是由两个折射面构成(如透镜)。为了加工方便，绝大部分成像系统都是由球面组成，因此，本节将讨论共轴球面系统的成像问题。要解决这个问题，只需对每一个折射面重复应用单球面折射的公式即可。为此，首先应当解决由一个面到下一个面的过渡计算问题。

4.3.1　过渡公式

先考察一个简单系统：由两个折射球面组成的透镜(图 4-6)，已知其结构参数为 n_1、r_1、n_1'、d_1、n_2、r_2、n_2'。对于物距为 l_1，物方孔径角为 u_1 的物点 A_1，经此透镜的第一面折射，首先成像在 A_1' 处，利用方程组式(4-5)～式(4-8)，即可算出此像点的像距 l_1'，和像方孔径角 u_1'。由图 4-6 可看出，透镜第一面的像点 A_1' 就是第二面的物点 A_2，也即经第一面折射后的出射光线就是第二面的入射光线，于是，可得从第一面到第二面的物、像点坐标参量间的过渡关系为

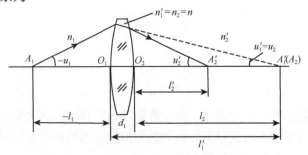

图 4-6　由二个折射球面组成的透镜

$$l_2 = l_1' - d_1, \quad u_2 = u_1', \quad n_2 = n_1' \tag{4-28}$$

此式即为光路由前一面过渡到后一面时的过渡公式(或称转面公式)。式中 d_1 是前后两折射球面顶点间的距离。对于折射系统而言，d_1 始终为正值。

由式(4-28)求得坐标参量 l_2 和 u_2 的第二面物点 A_2，再经透镜第二面折射成像在 A_2' 处，这样再重复应用公式组式(4-5)～式(4-8)，就可以计算出其像距 l_2' 和像方孔径角 u_2'。

1. 共轴球面系统的结构参数

由 k 个折射球面组成的共轴球面系统，必须先给定系统的结构参数，才能进行计算。设系统的结构参数如下：

(1)各个折射球面的曲率半径 r_1, r_2, ……r_k。

(2)各个球面顶点之间的距离 d_1, d_2, ……d_{k-1}。其中，d_1 为第一个球面顶点至第二个球面顶点之间的距离，依此类推，d_{k-1} 为第 $k-1$ 个球面顶点至第 k 个球面顶点之间的距离。

(3)各球面之间的介质折射率 n_1, n_2, ……n_{k+1}。其中，n_1 是第一个球面之前的介质折射率，n_2 是第一面和第二面之间的介质折射率，……，n_{k+1} 是第 k 个球面之后的介质折射率。

2. 过渡公式

图 4-7 表示一个在近轴区内的物体 A_1B_1 被光学系统前三个折射面成像的情况。显然，第一面的像方空间就是第二面的物方空间，也就是说，物高为 y_1 的物体 A_1B_1 以孔径角为 u_1 的光束经第一面成像后，其像 $A_1'B_1'$ 就是第二面的物 A_2B_2，其像方孔径角 u_1' 就是第二面的物方孔径角 u_2，其像方折射率 n_1' 就是第二面的物方折射率 n_2。依此类推，第二面和第三面之间，……，第 $k-1$ 面和第 k 面之间也存在着同样的关系；即

$$\begin{cases} n_2 = n_1', n_3 = n_2', \cdots\cdots, n_k = n_{k-1}' \\ u_2 = u_1', u_3 = u_2', \cdots\cdots, u_k = u_{k-1}' \\ y_2 = y_1', y_3 = y_2', \cdots\cdots, y_k = y_{k-1}' \end{cases} \tag{4-29}$$

由图 4-7 可以直接求出截距的过渡公式：

$$l_2 = l_1' - d_1, l_3 = l_2' - d_2, \cdots\cdots, l_k = l_{k-1}' - d_{k-1} \tag{4-30}$$

上述过渡式(4-29)和式(4-30)对近轴光线适用，对远轴光线也适用，这只要将其中近轴光线的量 l, u 改为远轴光线的量 L, U 即可

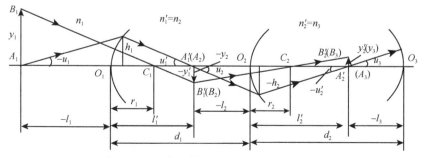

图 4-7　由 k 个折射球面组成的共轴球面系统

$$\begin{cases} L_2 = L_1' - d_1, L_3 = L_1' - d_1, \cdots\cdots, L_k = L_{k-1}' - d_{k-1} \\ U_2 = U_1', U_3 = U_2', \cdots\cdots, U_k = U_{k-1}' \\ n_2 = n_1', n_3 = n_2', \cdots\cdots, n_k = n_{k-1}' \end{cases} \tag{4-31}$$

式(4-31)即为实际光路计算公式(4-1)～式(4-4)的过渡公式,也称转面公式。

如果用物像位置关系式(4-12)和式(4-13)进行近轴光线的光路计算,还须求出光线在各折射面上入射高度 h 的过渡公式。利用式(4-29)的第二式和式(4-30)对应的项相乘,并由近轴关系式 $l_1 u_1 = l_1' u_1' = h$,即可得

$$h_2 = h_1 - d_1' u_1', \quad h_3 = h_2 - d_2' u_2', \quad \cdots, \quad h_k = h_{k-1} - d_{k-1}' u_{k-1}' \tag{4-32}$$

利用以上各个过渡公式,就可以解决整个光学系统含轴面内的任何光线的光路计算问题。

4.3.2 共轴球面系统的放大率

对于共轴球面系统,利用过渡公式,可证明其三种放大率均等于各个折射面相应放大率的乘积。

1. 垂轴放大率

系统的垂轴放大率定义为像高与物高之比。利用过渡公式(4-29)中的第三式,可写出

$$\beta = \frac{y_k'}{y_1} = \frac{y_1'}{y_1} \cdot \frac{y_2'}{y_2} \cdots \cdot \frac{y_k'}{y_k} = \beta_1 \beta_2 \cdots \beta_k \tag{4-33}$$

把式(4-20)代入上式,则得垂轴放大率

$$\beta = \frac{n_1 l_1'}{n_1' l_1} \cdot \frac{n_2 l_2'}{n_2' l_2} \cdots \cdot \frac{n_k l_k'}{n_k' l_k} = \frac{n_1}{n_k'} \cdot \frac{l_1' l_2' \cdots l_k'}{l_1 l_2 \cdots l_k} \tag{4-34}$$

2. 轴向放大率

系统的轴向放大率定义为: $\alpha = \frac{dl_k'}{dl_1}$。再对式(4-30)微分有: $dl_2 = dl_1'$,$dl_3 = dl_2'$,$\cdots$,$dl_k = dl_{k-1}'$。于是,利用上面得到的关系,可以得到系统的轴向放大率

$$\alpha = \frac{dl_k'}{dl_1} = \frac{dl_1'}{dl_1} \cdot \frac{dl_2'}{dl_2} \cdots \cdot \frac{dl_k'}{dl_k} = \alpha_1 \alpha_2 \cdots \alpha_k \tag{4-35}$$

把式(4-23)代入上式,则得

$$\alpha = \frac{n_1'}{n_1} \beta_1^2 \cdot \frac{n_2'}{n_2} \beta_2^2 \cdots \cdot \frac{n_k'}{n_k} \beta_k^2 = \frac{n_k'}{n_k} \beta_1^2 \beta_2^2 \cdots \beta_k^2 = \frac{n_k'}{n_1} \beta^2 \tag{4-36}$$

3. 角放大率

根据定义,并利用过渡公式(4-29)的第二式,可得系统的角放大率

$$\gamma = \frac{u_k'}{u_1} = \frac{u_1'}{u_1} \cdot \frac{u_2'}{u_2} \cdots \cdot \frac{u_k'}{u_k} = \gamma_1 \gamma_2 \cdots \gamma_k \tag{4-37}$$

把式(4-26)代入式(4-37),则得

$$\gamma = \frac{n_1}{n_1' \beta_1} \cdot \frac{n_2}{n_2' \beta_2} \cdots \cdot \frac{n_k}{n_k' \beta_k} = \frac{n_1}{n_k'} \cdot \frac{1}{\beta_1 \beta_2 \cdots \beta_k} = \frac{n_1}{n_k'} \cdot \frac{1}{\beta} \tag{4-38}$$

4. 三种放大率的关系

将式(4-36)和式(4-38)相乘,可得

$$\alpha \cdot \gamma = \beta \tag{4-39}$$

由此可见,在共轴球面系统中,三种放大率之间的关系式与单个折射球面的完全一样。这说明,近轴区单个折射球面的成像特性具有普遍意义。

§4.4　球面反射镜

球面反射镜也称球面镜,分为两类:一类是曲率半径 r 为正的凸球面镜;另一类是曲率半径 r 为负的凹面镜。在 2.2 节中曾指出,反射定律可视为折射定律在 $n' = -n$ 时的特殊情况(因为,光的传播方向相反,速度为负)。因此,在折射面的公式中,只要使 $n' = -n$ 代入,就可导出反射球面相应的公式。和折射球面一样,当光轴上某点以有限大小的同心光束入射时,经球面反射后不再会聚于一点,即不再保持光束的同心性。用物像关系来描述,就是轴上的物点经球面反射后,反射光线不再交于轴上一点,即不能得到理想像点。因此,和折射球面成像一样,为了得到理想像,仍需要对入射光束的大小加以限制。下面只在近轴区讨论球面反射镜的成像规律。

4.4.1　球面反射镜的物像位置公式

如图 4-8 所示,物体 AB 经球面反射镜后成像于 $A'B'$ 处,图中的球面反射镜为一凹面镜,其作用类似于一凸透镜所起的作用,即对光线起会聚作用。但不同的是它的焦距 f' 为负值,这是因为光的方向倒转而引起。

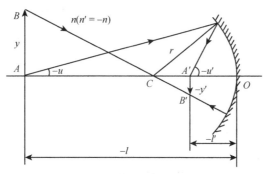

图 4-8　球面反射镜成像

把在 $n' = -n$ 代入式(4-12),即得球面反射镜的物像位置公式

$$\frac{1}{l'} + \frac{1}{l} = \frac{2}{r} \tag{4-40}$$

有关焦距的公式,可由式(4-15)、式(4-16)和式(4-17)导出

$$f' = f = \frac{r}{2} \tag{4-41}$$

焦点位于球面反射镜和它的曲率中心的中间点上。对于凸球面镜,$f' > 0$,焦点在顶点右

方；对于凹球面镜，$f' < 0$，焦点在顶点左方。

4.4.2 球面反射镜的成像放大率

以 $n' = -n$ 代入式(4-20)、式(4-23)和式(4-26)，可得球面反射镜的三种放大率公式

$$\begin{cases} \beta = -\dfrac{l'}{l} \\ \alpha = -\beta^2 \\ \gamma = -\dfrac{1}{\beta} \end{cases} \tag{4-42}$$

式(4-42)表明，球面反射镜的轴向放大率 α 恒为负，说明当物体沿光轴移动时，其像总是以相反的方向沿轴移动。但在偶数次反射时，α 恒为正。

当物点处于球面反射镜的球心时，由式(4-40)可知，$l' = l = r$，于是，再由式(4-42)可得球心处的放大率为

$$\beta = -1, \quad \alpha = -1, \quad \gamma = 1$$

即所成的像仍位于球心处，其大小与物相同，但方向相反，即此时球面镜成倒像，且是完善成像。

4.4.3 球面反射镜的三种放大率的关系

由式(4-42)可得

$$\alpha \cdot \gamma = \beta \tag{4-43}$$

由式(4-43)可知，球面反射镜的三种放大率的关系与折射球面的完全一样。

由于球面反射镜作为折射球面的一个特例，因此，可以在折射球面的讨论中了解到球面反射镜的各种性质。

习　题　四

4-1 一个玻璃球半径为 R，位于空气中。若以平行光入射，当玻璃的折射率为何值时，会聚点恰好落在球的后表面上？

[2]

4-2 有一折射率为 1.54 的玻璃棒，一端为 $r=30\text{mm}$ 的抛光凸球面，另一端为磨砂的平面。试问该棒长为多少时，正好使远处物体经球面后清晰地成像在磨砂平面上。

[85.56mm]

4-3 有一折射球面，其像方焦距和物方焦距分别为 18cm 和 –15cm，物方介质为 $n = 4/3$ 的水，求该球面的曲率半径 r 和像方介质的折射率 n'。

[3cm，1.6]

4-4 如图 4-9 所示为一简略眼，已知角膜的曲率半径 $r=5.6\text{mm}$，眼内屈光介质的折射率为 $4/3$。试求：(1)此简略眼的后焦距、前焦距及总光焦度；(2)如果有一物位于眼前 5 米处，其大小为 50mm，则其所成像的位置和大小各为多少？

[(1)22.4mm，–16.8mm，59.52D；(2)22.44mm，–0.17mm]

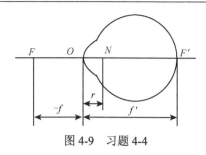

图 4-9 习题 4-4

4-5 有一透明的光学塑料球，其曲率半径 $r=26.5\text{mm}$，折射率 $n=1.35$。一物高为 25mm，距球面顶点为 $l=-160\text{mm}$，试求该物经球面折射后的像距和像高。若把整个系统从空气浸入水中 ($n=1.33$)，则此时的像距和像高又各为多少？

[43.9mm，−9.44mm；……]

4-6 一个折射面 $r=15\text{cm}$，$n=1$，$n'=1.50$，一束平行光入射到此玻璃球上，其会聚点（即最后像点）应在何处？

[45cm]

4-7 有个玻璃球直径为 60mm，其折射率 $n=1.50$，一束平行光入射到此玻璃球上，其会聚焦点（即最后像点）应在何处？

[第二球面右方 15cm]

4-8 人眼的角膜可看作是曲率半径为 7.8mm 的单球面，其后是 $n=4/3$ 的屈光介质，如果瞳孔看起来好像在角膜后 3.6mm 处，其直径为 4mm，试问瞳孔在眼中的实际位置和大小。

[角膜后 4.16mm；3.467mm]

4-9 已知一双凸透镜位于空气中，其 $r_1=90\text{mm}$，$r_2=60\text{mm}$，$d=8\text{mm}$，$n=1.50$，试问：当物距为 150mm，物高为 20mm 的物体经该透镜后的像距和成像大小。

[88.2mm；12.6mm]

4-10 在一张报纸上放一平凸透镜，其厚度为 15mm，当平面朝上时，成虚像在平面下 10mm 处；当凸面朝上时，物像放大率为 3，试求该透镜的折射率和曲率半径。

[1.5；7.5mm]

4-11 一物位于曲率半径为 R 的凹面镜的何处时？才能得到(1)放大 4 倍的实像；(2)放大 4 倍的虚像；(3)缩小 4 倍的实像；(4)缩小 4 倍的虚像。

[$5R/8$；$3R/8$；$5R/2$；$-3R/2$]

(李宾中)

第五章 理想光学系统

§5.1 理想光学系统的原始定义

光学系统多用于物体成像。如，显微镜是使近距离的细小物体成像，望远镜是使远距离的目标成像。为了保证成像的绝对清晰，就必然要求由一物点发出的全部光线，经光学系统后仍然相交于一点，每一物点都对应唯一的一个像点，这就是前面讨论过的理想成像。

由第四章讨论可知，一个光学系统，若物体以有限大小的孔径角成像，一般是不完善的，只有在近轴区才能完善成像。近轴成像的范围和光束宽度均趋于无限小，虽然没有实用价值，但仍有实际意义，因为近轴区成像可作为衡量实际光学系统成像质量的标准，近似地表示实际光学系统所成像的位置和大小。

为了更好地探索光学系统成像规律，在近轴光学的概念上把光学系统完善成像的范围扩大到任意空间，即任意大范围的物体以任意宽的光束通过光学系统后均能成完善像，则这样的光学系统称为**理想光学系统**(ideal optical system)。理想光学系统的原始定义表述如下：

(1)物空间中一点对应于像空间中唯一的一点。这一对对应点称为物、像空间的共轭点。

(2)物空间中一条直线对应于像空间中唯一的一条直线。这一对对应直线称为物、像空间的共轭线。

(3)如果物空间一个面对应于像空间的唯一的面。这一对对应的面称为物、像空间的共轭面。

由这些定义可以推广到：物空间中任意同心光束对应于像空间有一共轭的同心光束。

理想光学系统的理论是高斯(Gauss)于1841年提出的，因此理想光学系统理论又称为高斯光学。实际上，除平面反射镜具有上述理想光学系统性质外，其他任何实际光学系统都不能绝对完善地成像，而研究理想光学系统的意义在于利用其成像特性比较和估计实际光学系统的成像质量。

§5.2 理想光学系统的基点和基面

根据理想光学系统的原始定义，对于理想光学系统，只要知道了两对共轭面的位置和垂轴放大率，或者一对共轭面的位置和垂轴放大率以及轴上两对共轭点的位置，则任意物点的像点就可以根据这些已知的共轭面和共轭点来求得。因此，光学系统的成像性质可用这些已知的共轭面和共轭点来表示，它们称为理想光学系统的基面和基点。原则上基面和基点可以任意选择，不过为了使用方便，一般选特殊的共轭面和共轭点作为基面和基点，即，焦点和焦平面、主点和主平面、节点和节平面。我们先讨论前两个基点和基面，节点和节平面将在§5.4中讨论。

5.2.1　焦点、焦平面

如图 5-1 所示，O_1 和 O_k 是该系统的第一面和最后一面，FF' 是系统的光轴。沿光轴入射的 FO_1 通过系统后仍沿光轴射出。物空间一条平行于光轴的光线 AE_1，经光学系统各面折射后沿 G_kF' 方向射出，交光轴于 F' 点。由于像方的出射光线 G_kF' 和 O_kF' 分别与物方的入射光线 AE_1 和 FO_1 相共轭，因此，光线 G_kF' 和 O_kF' 的交点 F' 的共轭点必然是光线 AE_1 和 FO_1 的交点。又由于 AE_1 平行于 FO_1，故其交点位于左方无限远的光轴上，所以，F' 是物方无限远轴上点的像，称为光学系统的像方焦点(或称后焦点)。通过像方焦点 F' 且垂直于光轴的平面称为像方焦平面，显然，它和无限远垂直于光轴的物平面相共轭。

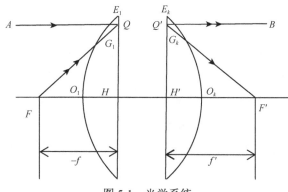

图 5-1　光学系统

像方焦点和像方焦平面的性质归纳如下：

(1)物方平行于光轴入射的任意一条光线，其共轭光线一定通过 F' 点。

(2)和光轴成一定夹角的平行光束，通过光学系统后，必相交于像方焦平面上同一点。因为和光轴成一定夹角的平行光束，可看作是无限远的轴外物点发出的，其像点必然位于像方焦平面上。

如果轴上某一物点 F 发出的一束光线，经光学系统后，均平行于光轴出射，显然，它的共轭像点在像方轴上无限远处，则 F 点即称为光学系统的物方焦点(或称前焦点)。通过物方焦点 F 且垂直于光轴的物平面，称为物方焦平面，显然，它与无限远且垂直于光轴的像平面相共轭。

物方焦点和物方焦平面的性质归纳如下：

(1)过物方焦点入射的任一条光线，通过光学系统后平行于光轴出射。

(2)由物方焦平面上轴外任意一点发出的所有光线，通过光学系统后，对应一束和光轴成一定夹角的平行光线。

值得注意的是，虽然焦点和焦平面是光学系统的一对特殊点和面，但物方和像方的两焦点或两焦面之间并不是共轭关系。

5.2.2　主点、主平面

在图 5-1 中，延长入射平行光线 AE_1 和与其共轭的出射光线 G_kF'，得交点 Q'；同样，

延长入射光线 FG_1，和与其共轭的出射平行光线 E_kB，可得交点 Q。设光线 AE_1 和 E_kB 的入射和出射高度 h 相同，显然，Q 和 Q' 是一对共轭点。此时，Q 可认为是光线 AE_1 和 FG_1 的虚物点，Q' 则是它的虚像点。过 Q 和 Q' 点作垂直于光轴的平面 QH 和 $Q'H'$，则此两平面也相互共轭。由于这两平面内的共轭线段 QH 和 $Q'H'$，具有同样的高度，且位于光轴的同侧，因此，其垂轴放大率 $\beta=+1$。这对垂轴放大率为正 1 的共轭平面称为光学系统的主平面(简称主面)，其中的 QH 称为物方主平面(或前主面)，$Q'H'$ 称为像方主平面(或后主面)。物方主平面 QH 与光轴的交点 H 称为物方主点(或前主点)，像方主平面 $Q'H'$ 与光轴的交点 H'，称为像方主点(或后主点)。显然，主点 H 和 H' 也是一对共轭点。

5.2.3 焦距

自物方主点 H 到物方焦点 F 的距离称为光学系统的物方焦距(或前焦距)，记为 f；类似地，自像方主点 H' 到像方焦点 F' 的距离称为像方焦距(或后焦距)，记为 f'。焦距的正、负是以相应的主点为原点来确定，若由主点到相应焦点的方向与光线方向一致，则焦距为正；反之则为负。图 5-1 中所示情况为 $f'>0$，$f<0$。$f'>0$ 表示为正的光学系统(或为会聚系统)；$f'<0$ 表示为负的光学系统(或为发散系统)。

如果平行于光轴的入射光线高度为 h，其共轭光线与光轴的夹角为 u'，则可得系统的像方焦距为

$$f'=\frac{h}{\tan u'} \tag{5-1}$$

类似地，物方焦距的表示式为

$$f=\frac{h}{\tan u} \tag{5-2}$$

光学系统的像方焦距 f' 和物方焦距 f 在量值上并不一定相等，其与系统两边(即物方和像方)的介质折射率有关。如若光学系统的物、像方处在同一种介质中，即 $n'=n$ 时，则有 $f'=-f$。

一对主点(或面)和一对焦点(或面)是光学系统的基本点(或面)，它们构成了一个光学系统的基本模型。不同的光学系统，只表现为这些点(或面)的相对位置不同，焦距不等而已。所以，对于理想光学系统，不管其结构如何，只要知道其焦距大小和焦点或主点的位置，其成像性质就可完全确定；并且还可方便地用解析方法或作图方法求得任意位置的物体被该系统所成的像。

§5.3 理想光学系统的物像关系

本节讨论理想光学系统的物像关系，根据已知的基点(或基面)的位置，用作图法和解析法求任意物体的理想像。

5.3.1 图解法求像

作图法主要应用理想光学系统基点或基面的性质,适当选择由物点发出的两条特殊光线或辅助光线,再画出其在像空间的共轭光线,则它们的交点就是该物点的像点。常用的特殊光线有三条:第一条是平行于光轴入射的光线,其像方共轭光线通过像方焦点 F' 出射;第二条是过物方焦点 F 入射的光线,其像方共轭光线平行于光轴出射;第三条是过物方节点的光线(将在§5.4 中叙述)。这里,我们还利用了主面的性质,即物方和像方的共轭光线在两主面上的交点高度相等,而且,这两条光线的转折点必在主面上。如图 5-2 所示,即为用作图法求其像的结果,其中由物点 B 发出的

一条平行于光轴的光线,在像方主面上转折后,通过像方焦点 F' 出射;由物点 B 发出的另一条过物方焦点 F 的光线,在物方主面上转折后,在像方平行于光轴出射。它们在两主面上的交点高度相等,用虚线表示两者之间的等高过渡。这两条特殊光线的交点即为所求像点 B'。

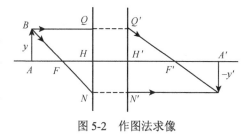

图 5-2 作图法求像

图 5-3 则给出了正光学系统和负光学系统作图求像的四个例子。这四个例子也表示了四种成像类型的作图方法,即分图(a)实物成实像;分图(b)实物成虚像;分图(c)虚物成实像;分图(d)虚物成虚像。图中,实物、实像由实线相交而成;虚物、虚像则由虚线(或至少有一条是虚线)相交而成。

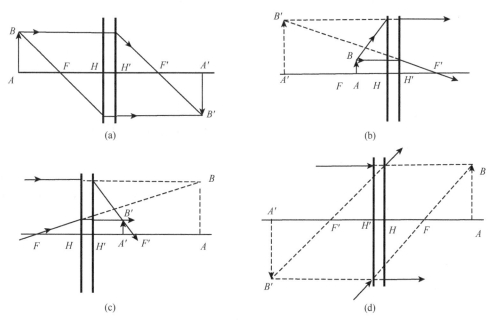

(a)

(b)

(c)

(d)

图 5-3 四种成像类型的作图方法

有时,需要求轴上物点 A 的像,也即要求任意光线经光学系统折射后的方向。此时,有两种可利用焦平面性质的作图方法:

一种方法是过前焦点 F 作一条跟任意光线 AQ 平行的辅助光线 FN ,这样,任意光线

AQ 与辅助光线 FN 即构成一斜平行光束，它们应会聚于像方焦平面上一点。这一点可由辅助光线来决定，因为辅助光线射出系统后，应平行于光轴，它与焦平面的交点即为两条出射光线的交点。因此，可以很方便地找到所求光线的方向，如图 5-4(a) 所示。

另一种方法是过任意光线 AQ 与前焦面的交点 B 作一条平行光轴的辅助光线 BN，它经光学系统后应通过像方焦点 F'，这条光线 $N'F'$ 的方向即为所求光线的方向，只要过 Q' 点作平行于 $N'F'$ 的直线 $Q'A'$ 即成，因为二者在像方应是相互平行的，如图 5-4(b) 所示。

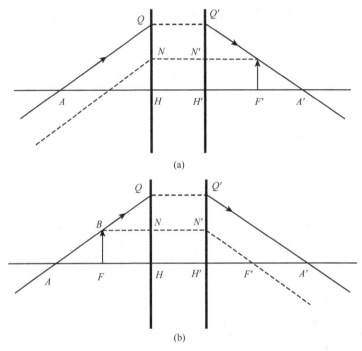

图 5-4　任意光线经光学系统折射后的方向

以上主要讨论已知物求其像的作图方法。根据物和像的共轭关系和光路的可逆性，也可以根据已知的像的位置和大小，用作图法求其物。

作图法求像比较简单和直观，常用来分析透镜和光学系统的成像关系，但其精度不高，对成像规律的探讨也不够深。因此，有必要用另一种更精确的求像方法，即解析法求像。

5.3.2　解析法求像

根据所取的坐标原点不同，可以导出如下两种解析法求像的关系式。

1. 牛顿 (Newton) 公式

在此公式中，表示物点和像点位置坐标的物距和像距分别以物方焦点 F 和像方焦点 F' 为原点，用字母 x, x' 来表示，其与光线传播方向一致者为正，反之则为负。

如图 5-5 所示，有一大小为 y 的垂轴物体 AB 被光学系统成一倒像 $A'B'$，像高为 y'。此时，物距 x 以物方焦点 F 为原点算到物点 A，因与光线传播方向相反，所以为负值；而像距 x' 则以像方焦点 F' 为原点算到像点 A'，与光线传播方向相同，故为正值。

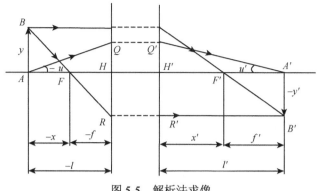

图 5-5 解析法求像

由相似三角形 $\triangle ABF$ 和 $\triangle HRF$，$\triangle Q'H'F'$ 和 $\triangle A'B'F'$ 分别可得

$$\frac{-y'}{y} = \frac{-f}{-x} \qquad 和 \qquad \frac{-y'}{y} = \frac{x'}{f'}$$

比较两式可得

$$xx' = ff' \tag{5-3}$$

$$\beta = \frac{y'}{y} = -\frac{f}{x} = -\frac{x'}{f} \tag{5-4}$$

此两式就是常用的表示物像关系的牛顿公式。

2. 高斯公式

在高斯公式中，物距和像距则分别以物方主点 H 和像方主点 H' 为原点，分别用字母 l, l' 来表示。l 是以物方主点 H 为原点算到物点 A，从左向右为正，反之为负；l' 是以像方主点 H' 为原点算到像点 A'，从左向右为正，反之则为负。

由图 5-5 可得 l, l' 与 x, x' 的关系为

$$x = l - f , \quad x' = l' - f'$$

代入牛顿公式 (5-3)，并展开化简，得

$$lf' + l'f = ll'$$

两边同除以 ll'，便得

$$\frac{f'}{l'} + \frac{f}{l} = 1 \tag{5-5}$$

高斯公式的垂轴放大率公式推导如下：

将 $x' = l' - f'$ 代入式 (5-4) 中，得

$$\beta = -\frac{x'}{f'} = -\frac{l' - f'}{f'}$$

再把式 $lf' + l'f = ll'$ 中的 lf 项移至等式右边，得

$$l'f = l(l' - f')$$

或为

$$l' - f' = \frac{l'f}{l}$$

代入垂轴放大率公式后，得

$$\beta = -\frac{l'f}{lf'} \qquad (5\text{-}6)$$

式(5-5)和式(5-6)就是另一种常用的表示物、像关系的高斯公式。

3. 物、像方焦距比

把高斯公式的垂轴放大率公式(5-6)和前面第四章中的近轴区垂轴放大率公式(4-20)相比较：

$$\beta = -\frac{fl'}{f'l} = \frac{nl'}{n'l}$$

即得

$$\frac{f'}{f} = -\frac{n'}{n} \qquad (5\text{-}7)$$

此式表明，光学系统的像、物方焦距之比等于相应空间介质的折射率之比，但符号相反。对于眼睛的光学系统来说，由于物、像方介质不同，则物、像方焦距的绝对值也不同，且符号相反。但绝大多数光学系统通常都在同一介质(一般为空气)中使用，即 $n'=n$ ，于是有 $f'=-f$ ，即此时两焦距的绝对值相同，符号相反。

当光学系统位于同一介质中时，即 $n'=n$ ，则上面导出的二种常用物像关系式可简化为：

(1)牛顿公式

$$xx' = -f'^2 \qquad (5\text{-}8)$$

$$\beta = -\frac{x'}{f'} = \frac{f'}{x} \qquad (5\text{-}9)$$

(2)高斯公式

$$\frac{1}{l'} - \frac{1}{l} = \frac{1}{f'} \qquad (5\text{-}10)$$

$$\beta = \frac{l'}{l} \qquad (5\text{-}11)$$

由上式可知，垂轴放大率随物体位置而异。某一放大率只对应于一个物体位置。在同一对共轭面上， β 为一常数，因此像与物是相似的。

5.3.3 放大率公式

垂轴放大率 β 已在上面推出，并给出了多种表达形式，下面讨论轴向放大率和角放大率以及三种放大率之间的相互关系。

1. 轴向放大率

设 A 和 A' 是光学系统的一对轴上共轭点，当物点 A 沿光轴作一微量移动 dx 或 dl 时，其像点 A' 相应地移动距离 dx' 或 dl' 。则**轴向放大率**(axial magnification)定义为：

$$\alpha = \frac{dx'}{dx} = \frac{dl'}{dl}$$

显然，微小线段的轴向放大率可以对牛顿公式 $xx'=ff'$（或高斯公式 $\frac{f'}{l'}+\frac{f}{l}=1$）进行微分求得。对牛顿公式微分，得：

$$x dx' + x' dx = 0$$

即有

$$\alpha = \frac{dx'}{dx} = -\frac{x'}{x} \tag{5-12}$$

对上式右边分子、分母同乘以 ff'，并利用垂轴放大率公式 $\beta = -f/x = -x'/f'$，可得

$$\alpha = -\frac{x'}{x} = -\frac{x'}{f'} \cdot \frac{f}{x} \cdot \frac{f'}{f} = \beta^2 \frac{n'}{n} \tag{5-13}$$

如果光学系统是在同一介质中，则

$$\alpha = \beta^2 \tag{5-14}$$

由上面的公式可见，轴向放大率也只与共轭点的位置有关，而且当 $n'=n$ 时，轴向放大率等于垂轴放大率的平方。这表明，对于有一定轴向长度的物体，如一小正方体，由于其沿轴与垂轴方向的不等放大，因此，其像不再为立方体，即发生变形。但当物体处于 $\beta = \pm 1$ 处时例外。

2. 角放大率

如图 5-5 所示，过光轴上一对共轭点 A 和 A'，任取一对共轭光线 AQ 和 $A'Q'$，其与光轴夹角分别为 u 和 u'，这二个角度的正切之比称为这对共轭点的角放大率，用希腊字母 γ 表示，即

$$\gamma = \frac{\tan u'}{\tan u} \tag{5-15}$$

把图 5-5 中的关系

$$\tan u' = \frac{h}{l'}, \quad \tan u = \frac{h}{l}$$

代入上式得

$$\gamma = \frac{\tan u'}{\tan u} = \frac{l}{l'} \tag{5-16}$$

对上式右边分子、分母同乘 ff'，并利用式(5-6)，可得

$$\gamma = \frac{l}{l'} = -\frac{lf'}{l'f} \cdot \frac{-f}{f'} = \frac{1}{\beta} \cdot \frac{n}{n'} \tag{5-17}$$

如果光学系统处在同一介质中，则

$$\gamma = \frac{1}{\beta} \tag{5-18}$$

此式表明，同一对共轭面的角放大率与垂轴放大率互为倒数。如果光学系统以 $|\beta|>1$ 成像时，则 $|\gamma|<1$，即像方光束比物方光束较细；反之，若光学系统以 $|\beta|<1$ 成像时，则 $|\gamma|>1$，

即像方光束较物方光束为宽。

如果把 $\beta = -\dfrac{f}{x} = -\dfrac{x'}{f'}$ 代入角放大率(5-17)式,可得

$$\gamma = -\frac{1}{\beta} \cdot \frac{f}{f'} = \frac{x}{f'} = \frac{f}{x'} \tag{5-19}$$

此式是直接由物、像位置求角放大率的公式。

由上述公式可以看出,角放大率也只与共扼点的位置有关,而与一对共轭光线和光轴的夹角 U 和 U' 的大小无关。在同一对共轭点上,不论孔径角 U 取何值,角放大率恒为常数。

3. 三种放大率之间的关系

理想光学系统同一对共轭面上的三种放大率之间的关系在一般情况下为

$$\alpha = \frac{n'}{n}\beta^2 , \quad \gamma = \frac{n}{n'} \cdot \frac{1}{\beta}$$

把以上两式相乘,即得

$$\alpha \cdot \gamma = \beta \tag{5-20}$$

由上可知,理想光学系统的三个放大率之间的关系与第四章共轴球面系统的三种放大率之间的关系在形式上完全相同。这说明,虽然理想光学系统实际上并不存在,但它的性质在实际光学系统的近轴区确能体现出来。

5.3.4 光学系统的光焦度

利用上面的关系式(5-7),可将高斯公式(5-5)写成以下形式:

$$\frac{n'}{l'} - \frac{n}{l} = \frac{n'}{f'} = -\frac{n}{f} \tag{5-21}$$

一段线段的长度被该线段所在介质的折射率相除所得之值称为该线段的折合距离。例如 l'/n' 和 l/n 分别称为折合像距和折合物距, f'/n' 和 $-f/n$ 称为折合焦距。共轭点折合距离(即折合物、像距)的倒数 n/l 和 n'/l',称为光束的**聚散度**(vergence,也称会聚度),分别以 V 和 V' 表示。折合焦距的倒数 n'/f' 和 $-n/f$ 称为光学系统的**光焦度**(focal power)(或称屈光力、屈折力以 ϕ 表示,即

$$\phi = \frac{n'}{f'} = -\frac{n}{f} \tag{5-22}$$

于是,式(5-21)可写成:

$$V' - V = \phi \tag{5-23}$$

式(5-23)表明,一对共轭点的光束聚散度之差等于光学系统的光焦度。正的 V 值表示光束是会聚的;负的 V 值表示光束是发散的。如图 5-6 所示,光束 QAR 是 A 点发出的发散光束,$V < 0$;而其共轭光束 $Q'A'R'$ 会聚于 A' 点,则 $V' > 0$。V 的绝对值越大,表示光束会聚或发散得越厉害。具有正光焦度的光学系统中 $\phi = V' - V > 0$,其对光束起会聚作用,如图 5-7(a)所示;反之,具有负光焦度的光学系统 $\phi = V' - V < 0$,其对光束起发散作用,如图 5-7(b)所示。

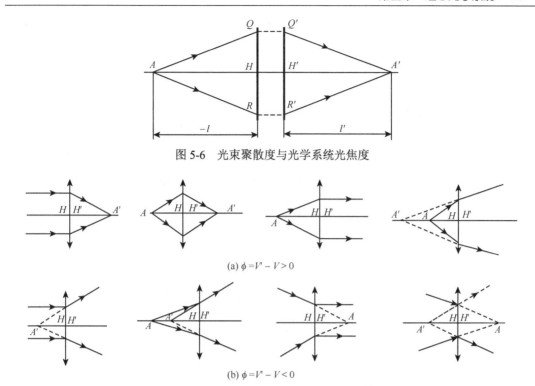

图 5-6 光束聚散度与光学系统光焦度

(a) $\phi = V' - V > 0$

(b) $\phi = V' - V < 0$

图 5-7 光束聚散度与光学系统光焦度的关系

由此可见，光焦度是光学系统的会聚或发散本领的数值表示，也即是光学系统对光束会聚或发散能力大小的标志。光焦度 ϕ 的绝对值越大(即焦距的绝对值越小)，则出射光束相对于入射光束的偏折也越大。当光焦度为零(如平行平板，其焦距为无限大)，则对光线不起偏折作用。

如果光学系统处于空气中，即有 $n' = n = 1$，则其光焦度为

$$\phi = \frac{1}{f'} = -\frac{1}{f} \tag{5-24}$$

规定在空气中，焦距为 1 米的光焦度作为光学系统的光焦度单位，称为屈光度(也称折光度)，用 D 表示。因此，为求光学系统的光焦度数值，先要将焦距用米为单位来表示，再按其倒数来计算。例如，空气中 $f' = 400$ 毫米(即 0.4 米)的光学系统，其光焦度为 $\phi = 1/0.4 = 2.5$ 屈光度。又如， $f' = -250$ 毫米时，其光焦度为 $\phi = -1/0.25 = -4.0(D)$。

光学系统的光焦度(即屈光力、屈折力)、屈光度以及光束聚散度等概念在"眼镜光学"和"临床视光学"中经常用到。

§5.4 理想光学系统的节点和节平面

在理想光学系统中，除了主点和主平面、焦点和焦平面这二对基点和基面外，有时还用到另外一对特殊的共轭点和共轭面，即节点和节平面。角放大率为 1 的特殊共轭点，称为**节点**(nodal point)。位于物空间的节点称为物方节点(或称前节点)，用字母 J 表示；位于像空间的节点称为像方节点(或称后节点)，用字母 J' 表示。过物方节点并垂直于光轴的

平面称为物方节平面(或称前节面);过像方节点并垂直于光轴的平面称为像方节平面(或称后节面)。

下面确定节点的位置。根据角放大率公式(5-19),并考虑到 $\gamma = 1$,可得

$$\gamma = x / f' = f / x' = 1$$

因此,这一对节点对于相应焦点的位置为

$$x_J = f', \quad x'_J = f \tag{5-25}$$

对于正的光学系统,两节点的位置应为 $x_J = f' > 0$, $x'_J = f < 0$,即物方节点 J 位于物方焦点 F 之右 $|f'|$ 处,像方节点 J' 位于像方焦点之左 $|f|$ 处,如图5-8所示。过节点的共轭光线,因 $\gamma = 1$,则 $U'_J = U_J$,即彼此平行。

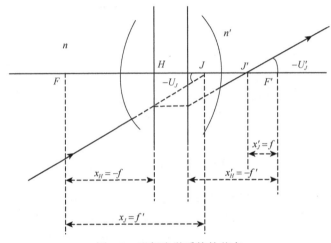

图5-8　理想光学系统的节点

若光学系统处于同一介质中,由于 $n' = n$,则 $f' = -f$,于是有

$$x_J = x_H = -f$$
$$x'_J = x'_H = -f'$$

即此时节点与主点重合,节平面与主平面重合。

利用光线通过节点方向不变的性质,可方便地应用于作图法求像,当光学系统位于空气时,其节点和主点重合,如图5-9所示。设主点和焦点的位置已知,则由物体 AB 上一点 B 发出的一条过主点 H(即节点 J)的光线,经光学系统后,其出射光线 $H'B'$ 必过后节点

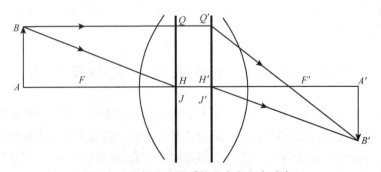

图5-9　空气中光学系统节点和主点重合

J'，且与入射光线 BH 平行射出。要确定 B 点的像，再过 B 点作另一条平行于光轴的光线 BQ，则其出射光线 $Q'B'$ 过像方焦点 F'，两出射光线的交点 B' 即为 B 点的像。过 B' 点作垂直于光轴的线段 $A'B'$，即得物体 AB 的像。

§5.5 光学系统的组合

在实际应用中，常常将两个或两个以上的光学系统组合在一起使用。此外，在计算和分析一个复杂的光学系统时，通常将其分解成若干部分(称为光组)，分别进行计算和分析，最后再把它们组合在一起。两个光组的组合是最常遇到的，也是最基本的组合。本节将讨论如何由两个已知光组求其组合系统的基点位置。

5.5.1 焦点位置的公式

设两个已知理想光组的焦距分别为 f_1,f_1' 和 f_2,f_2'，如图 5-10。两光组间的相对位置用第一光组的像方焦点 F_1' 至第二光组的物方焦点 F_2 之间的距离 Δ 表示，$\Delta=F_1'F_2$ 称为光学间隔。其正负号规定为以前一个光组的像方焦点为原点，到下一个光组的物方焦点的距离方向与光线传播方向相同者为正，反之为负。图中的光学间隔 Δ 为正，其与两光组的主面间隔 $d(H_1'H_2)$ 的关系为

$$\Delta=d-f_1'+f_2 \tag{5-26}$$

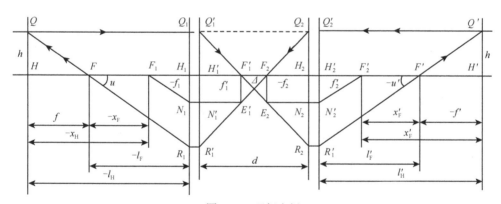

图 5-10 理想光组

下面首先求像方焦点 F' 的位置。根据焦点的性质，平行于光轴入射的光线通过第一光组后，出射光线必定通过 F_1' 点。然后再经过第二光组，其最后出射光线和光轴的交点 F' 就是组合系统的像方焦点。显然，F_1' 和 F' 对于第二光组来说是一对共轭点，因此，F' 的位置 $x_F'=F_2'F'$ 可用牛顿公式

$$xx'=f_2f_2'$$

求得。按符号规则，式中的 x 应是以 F_2 为原点计算到 F_1'，而 Δ 则是以 F_1' 为原点计算到 F_2，所以有

$$x=-\Delta$$

而 $x' = x'_F > 0$ 。将此代入牛顿公式，即得

$$x'_F = -\frac{f_2 f'_2}{\varDelta} \qquad (5\text{-}27)$$

对于物方焦点 F 的位置，根据定义，通过物方焦点 F 的光线通过整个系统后，一定平行于光轴出射，所以，该光线经第一光组后必定通过 F_2 点。因此，组合系统的物方焦点 F 和第二光组的物方焦点 F_2 对第一光组来说是一对共轭点。同样，用牛顿公式 $xx' = f_1 f'_1$ ，即可求得 F 点的位置 $x_F = F_1 F$ ，式中的 x 和 x' 在此处相当于 x_F 和 $\varDelta$ ，于是有

$$x_F = \frac{f_1 f'_1}{\varDelta} \qquad (5\text{-}28)$$

组合系统的焦点位置确定后，只要再求出焦距，则主平面的位置便可随之确定。

5.5.2 焦距公式

在图 5-10 中，入射光线 QQ_1 的延长线与其共轭光线 $F'Q'$ 交于 Q' 点，过 Q' 点作垂直于光轴的平面即为组合系统的像方主面，其与光轴的交点 H' ，即为像方主点。线段 $H'F'$ 就是组合系统的像方焦距 $f' < 0$ 。同理，可得组合系统的物方焦距 $f = HF > 0$ 。下面将导出焦距公式。

由图 5-10 可见，$\triangle Q'F'H' \varpropto \triangle N'_2 F'_2 H'_2$ ，$\triangle Q'_1 F'_2 H'_1 \varpropto \triangle E'_2 F'_1 F'_2$ ，则有

$$\frac{-f'}{f'_2} = \frac{Q'H'}{H'_2 N'_2} , \quad \frac{f'_1}{\varDelta} = \frac{Q'_1 H'_1}{F_2 E_2}$$

由于 $Q'H' = Q'_1 H'_1$ ，$H'_2 N'_2 = F_2 E_2$ ，因此上两式左边也相等，即得

$$f' = -\frac{f'_1 f'_2}{\varDelta} \qquad (5\text{-}29)$$

同理，由 $\triangle QFH \varpropto \triangle NF'_1 H'_1 N_1$ 和 $\triangle Q_2 F_2 H_2 \varpropto \triangle F'_1 E'_1 F_2$ 可得

$$\frac{f}{-f_1} = \frac{QH}{H_1 N_1} , \quad \frac{-f_2}{\varDelta} = \frac{Q_2 H_2}{F'_1 E'_1}$$

因为上两式右边相等，则左边部分也相等，所以

$$f = \frac{f_1 f_2}{\varDelta} \qquad (5\text{-}30)$$

于是，可写出组合系统的主点位置公式为

$$x'_H = x'_F - f' , \quad x_H = x_F - f$$

将式(5-27)、式(5-28)、式(5-29)和式(5-30)代入上式，可得直接求主点位置的公式

$$x'_H = \frac{f'_2 (f'_1 - f_2)}{\varDelta} \qquad (5\text{-}31)$$

$$x_H = \frac{f'_1 (f'_1 - f_2)}{\varDelta} \qquad (5\text{-}32)$$

组合系统的垂轴放大率仍可用公式 $\beta = -f / x = -x' / f'$ 来计算，但式中的 f 和 f' ，应是组合系统的焦距，x 应该是轴上物点到组合系统的物方焦点的距离。

实际上，有时用相对于主点的量，如 l_F, l'_F, l_H, l'_H ，来确定组合系统基点的位置更为方

便和直观。这只要按图 5-10 中的关系并代入上述公式即可求出。

由图 5-10 可得 l'_F, l_F 的关系式为

$$l'_F = f'_2 + x'_F , \quad l_F = f_1 + x_F$$

将式(5-27)和式(5-28)中的 x'_F 和 x_F 分别代入上面相应的式子,经整理并应用式(5-29)可得

$$l'_F = f'(1 - \frac{d}{f'_1}) \tag{5-33}$$

$$l_F = f(1 + \frac{d}{f_2}) \tag{5-34}$$

于是,组合系统的主点位置公式可求得为

$$l'_H = l'_F - f' = -f' \frac{d}{f'_1} \tag{5-35}$$

$$l_H = l_F - f = f \frac{d}{f_2} \tag{5-36}$$

上述公式若用光焦度的形式来表示,由于两光组的光焦度分别为

$$\phi_1 = \frac{n'_1}{f'_1} = -\frac{n_1}{f_1} , \quad \phi_2 = \frac{n'_2}{f'_2} = -\frac{n_2}{f_2}$$

组合系统的光焦度表示为

$$\phi = \frac{n'}{f'} = -\frac{n}{f}$$

这里, $n = n_1, n' = n'_2, n'_1 = n_2$。于是焦距公式(5-29)写成光焦度形式为

$$\phi = \frac{n'}{f'} = \phi_1 + \phi_2 - \frac{d}{n_2} \phi_1 \phi_2 \tag{5-37}$$

两焦点位置公式(5-33)和式(5-34)的光焦度形式为

$$l'_F = \frac{n'_2}{\phi}(1 - d\frac{\phi_1}{n'_1}) \tag{5-38}$$

$$l_F = -\frac{n_1}{\phi}(1 - d\frac{\phi_2}{n_2}) \tag{5-39}$$

两主点位置公式(5-35)和式(5-36)的光焦度形式为

$$l'_H = -\frac{n'_2 \phi_1}{n_2 \phi} d \tag{5-40}$$

$$l_H = \frac{n_1}{n'} \cdot \frac{\phi_2}{\phi} d \tag{5-41}$$

如果组合系统处于同一介质(如空气)中,则以上用光焦度的公式简化为

$$\phi = \frac{1}{f'} = \phi_1 + \phi_2 - d\phi_1\phi_2 \tag{5-42}$$

$$l'_F = \frac{1 - d\phi_1}{\phi_1} \tag{5-43}$$

$$l_F = \frac{1 - d\phi_2}{\phi_2} \tag{5-44}$$

$$l'_H = -\frac{\phi_1}{\phi} d \tag{5-45}$$

$$l_H = -\frac{\phi_2}{\phi} d \tag{5-46}$$

利用上述公式就可以方便地求出由两个已知光组组合的系统基点位置。

例题 5-1 设两光组位于空气中，且均为薄透镜（即两主面重合在一起）。其中 $f'_1 = -f_1 = 90$ mm，$f'_2 = -f_2 = 60$ mm，$d=50$mm。求这两个光组组成的组合系统的基点位置和焦距。

解： 下面仅对像方基点和焦距进行计算，请读者计算物方基点和焦距。

(1) 利用以像方焦点为原点的公式计算

根据式(5-26)，得

$$\Delta = d - f'_1 + f_2 = 50 - 90 - 60 = -100 \text{ (mm)}$$

根据式(5-27)，得

$$x'_F = -\frac{f_2 f'_2}{\Delta} = -\frac{-60 \times 60}{-100} = -36 \text{ (mm)}$$

根据式(5-31)，得

$$x'_H = \frac{f'_2(f'_1 - f_2)}{\Delta} = \frac{60(90 + 60)}{-100} = -90 \text{ (mm)}$$

根据式(5-29)，得

$$f' = -\frac{f'_1 f'_2}{\Delta} = -\frac{90 \times 60}{-100} = 54 \text{ (mm)}$$

对以上计算进行校对：

$$x'_H = x'_F - f' = -36 - 54 = -90 \text{ (mm)}$$

(2) 利用以像方主点为原点的公式计算

根据式(5-29)，得

$$f' = -\frac{f'_1 f'_2}{d - f'_1 + f_2} = -\frac{90 \times 60}{50 - 90 - 60} = 54 \text{ (mm)}$$

根据式(5-33)，得

$$l'_F = f'(1 - \frac{d}{f'_1}) = 54(1 - \frac{50}{90}) = 24 \text{ (mm)}$$

根据式(5-35)，得

$$l'_H = -f'\frac{d}{f'_1} = -54 \times \frac{50}{90} = -30 \text{ (mm)}$$

对以上计算进行校对：

$$l'_H = l'_F - f' = 24 - 54 = -30 \text{ (mm)}$$

表示以上计算正确。

§5.6　透　　镜

组成光学系统的元件有透镜、棱镜和反射镜等，其中透镜应用的最普遍。透镜是由两个折射面包围着的一种透明介质所构成的光学元件，折射面可以是球面(含平面)和非球面。由于球面透镜易于加工和检验，便于批量生产，因此应用最广泛。非球面透镜虽在改善光学系统成像质量和简化结构等方面有好处，但由于加工和检验困难，价格昂贵，故应用相对较少。

球面透镜的两个折射面可看作单独的光组，则整个透镜就是由这两个光组组成的组合系统，因此，计算透镜的主平面和焦点，也就是计算由两个球面构成的组合系统的主平面和焦点。相当于是对上一节组合系统公式的一个应用。首先分析单折射球面。

5.6.1　单折射球面的基点位置和焦距

假设一个半径为 r 的折射球面，两边的介质折射率分别为 n 和 n'，如图 5-11 所示。根据主点的性质，它是垂轴放大率 $\beta=1$ 的一对共轭点，因此有

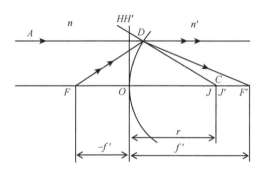

图 5-11　单折射球面的一对节点均位于球心

$$\beta = \frac{nl'}{n'l} = 1 \quad \text{即} \quad nl' = n'l$$

将单折射球面的物像位置关系式(4-12)两边同乘以 ll'，得

$$n'l - nl' = \frac{n'-n}{r} ll'$$

因 $nl' = n'l$，即上式左边等于零。如果用 $l' = \dfrac{n'}{n}l$ 代入上式右边，得

$$\frac{n'-n}{r} \cdot \frac{n'}{n} l^2 = 0$$

因此，可得 $l = 0$，代入 $nl' = n'l$，又得 $l' = 0$。这就是说，单折射球面的两个主点 H、H'，与球面顶点重合，过球面顶点的切平面就是该球面的物方主平面和像方主平面。

已知主点位置，只要能求出焦距，则焦点的位置就可确定。

根据焦点的定义，像方焦点与无限远轴上物点相共轭，则当 $l=\infty$ 时，$l'=f'$。将此代入式(4-12)，得像方焦距为

$$f' = \frac{n'r}{n'-n} \tag{5-47}$$

同理，物方焦点与无限远轴上像点相共轭，则有 $l' = \infty$ 时， $l = f$ 。将此代入式(4-12)，则得物方焦距为

$$f = -\frac{nr}{n'-n} \tag{5-48}$$

单球面的节点，可由式(4-25)求得

$$\gamma = \frac{l}{l'} = 1, \quad 即 \quad l = l'$$

代入式(4-12)，得

$$\frac{n'}{l'} - \frac{n}{l'} = \frac{n'-n}{r}$$

由上式可得

$$l' = l = r$$

即单折射球面的一对节点均位于球心 C 处，如图 5-11 所示。

5.6.2 透镜的基点位置和焦距

如图 5-12 所示，透镜的两个球面半径分别为 r_1 和 r_2 ，厚度为 d ，其介质折射率为 n 。假设此透镜处于空气中，则有 $n_1 = 1$ ， $n_1' = n_2 = n$ ， $n_2' = 1$ 。透镜的两个折射球面的焦距可由式(5-47)和式(5-48)求得

$$f_1 = -\frac{r_1}{n-1}, \quad f_1' = \frac{nr_1}{n-1}$$

$$f_2 = \frac{nr_2}{n-1}, \quad f_2' = -\frac{r_2}{n-1}$$

透镜两个面的光学间隔为

$$\Delta = d - f_1' + f_2 = \frac{n(r_2 - r_1) + (n-1)d}{n-1}$$

根据式(5-29)，可得透镜的焦距公式：

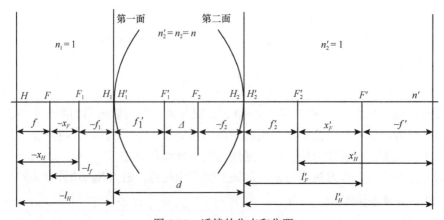

图 5-12　透镜的焦点和焦距

$$f' = -f = -\frac{f_1' f_2'}{\Delta} = \frac{n r_1 r_2}{(n-1)[n(r_2 - r_1) + (n-1)d]} \tag{5-49}$$

将上式写成光焦度形式，则有

$$\phi = \frac{1}{f'} = (n-1)(\frac{1}{r_1} - \frac{1}{r_2}) + \frac{(n-1)^2 d}{n r_1 r_2} \tag{5-50}$$

若设 $\rho_1 = \dfrac{1}{r_1}$ ， $\rho_2 = \dfrac{1}{r_2}$ ，并代入上式可得

$$\phi = (n-1)(\rho_1 - \rho_2) + \frac{(n-1)^2}{n} d \rho_1 \rho_2 \tag{5-51}$$

将上述公式中的有关值代入式(5-35)和式(5-36)，即得透镜两主点(或主面)的位置公式：

$$\begin{cases} l_H' = -f'\dfrac{d}{f_1'} = \dfrac{-r_2 d}{n(r_2 - r_1) + (n-1)d} & (5\text{-}52\text{a}) \\[3mm] l_H = f\dfrac{d}{f_2'} = \dfrac{-r_1 d}{n(r_2 - r_1) + (n-1)d} & (5\text{-}52\text{b}) \end{cases}$$

当主点(或主面)与焦距确定后，焦点的位置也就随之确定了。这里，焦点到透镜球面顶点的距离称为顶焦距，l_F 和 l_F' 分别称为物方顶焦距和像方顶焦距，它们分别以前、后两球面的顶点为原点计算到焦点，与光线传播方向相同者为正，反之为负。

下面利用上面导出的公式，对各种透镜加以分析。

1. 双凸透镜

这种透镜为 $r_1 > 0$ ， $r_2 < 0$ 。由公式(5-50)知，若保持 r_1 和 r_2 不变，随着厚度 d 的不同，其焦距可正可负。通常该透镜厚度总是

$$d < \left| \frac{n(r_2 - r_1)}{n-1} \right|$$

所以，$f' > 0$，为会聚透镜。又由式(5-52)知 $l_H' < 0$ ， $l_H > 0$ ，即两主面位于透镜内部. 如图 5-13(a)所示。

当透镜厚度 $d = r_1 - r_2$ ，即两个折射面的球心重合时，由式(4-50)知，$f' > 0$ 。又由式(5-52)知，$l_H' = r_2, l_H = r_1$ ，即此时两个主面重合于两球面的公共球心处。如图 5-13(b)所示。若继续增加厚度 d ，则两主面的相对位置发生颠倒，即 H' 将位于 H 之前。

当 $d = \left| \dfrac{n(r_2 - r_1)}{n-1} \right|$ 时，$f' = \infty$ ，两主面分别位于正、负无穷远处，此时相当于一个望远镜系统，如图 5-13(c)所示。

当 $d > \left| \dfrac{n(r_2 - r_1)}{n-1} \right|$ 时，由式(5-50)知，$f' < 0$ ，即变成一发散透镜。此时，$l_H' > 0$ ， $l_H < 0$ ，即两主面分别位于透境外面两边，如图 5-13(d)所示。

2. 双凹透镜

这种透镜为 $r_1 < 0$ ， $r_2 > 0$ 。由式(5-50)知其焦距 f' 恒为负值，为发散透镜。由式(5-52)知，$l_H' < 0$ ， $l_H > 0$ ，即二主面也位于透镜内部，如图 5-14 所示。

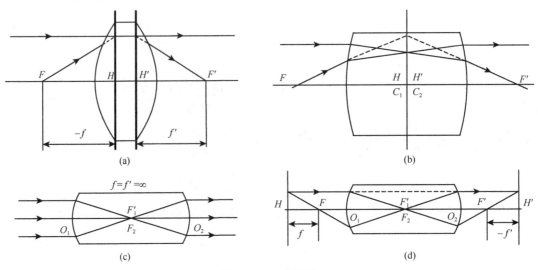

图 5-13 双凸透镜

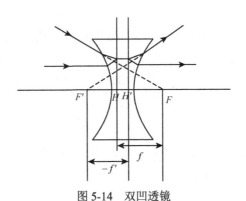

图 5-14 双凹透镜

3. 平凸透镜

此即由一个凸面和一个平面构成的透镜。设 $r_1 > 0$，$r_2 = \infty$，将此代入式(5-50)得

$$f' = \frac{r_1}{n-1} > 0$$

又由式(5-52)知，$l'_H = -d/n, l_H = 0$。这就是说，平凸透镜的焦距 f' 恒为正值，且其值与厚度 d 无关。两主面中的一个与球面顶点相切，另一个位于透镜内部，如图 5-15(a)所示。

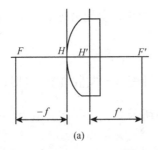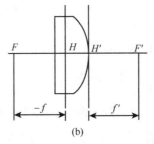

图 5-15 平凸透镜

4. 平凹透镜

此即由一个凹面和一个平面构成的透镜。设 $r_1 < 0$，$r_2 = \infty$，则其焦距和主面位置的公式与平凸透镜的公式基本一样，即为

$$f' = \frac{r_1}{n-1} < 0$$

$$l'_H = -\frac{d}{l}, \quad l_H = 0$$

其焦距 f' 恒为负值，且与厚度 d 无关。两主面中的一个与球面顶点相切，另一个位于透镜内部，如图 5-16(a) 所示。

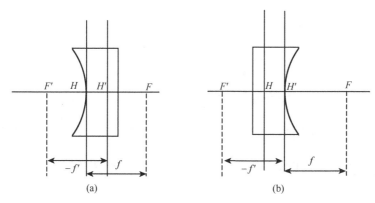

图 5-16　平凹透镜

5. 正弯月形透镜

这种透镜两个球面半径的符号相同，即两个折射面弯向同侧，且凸面曲率半径的绝对值较小，因此，透镜的中心厚而边缘薄。设 $r_2 > r_1 > 0$，由式(5-50)和式(5-52)知 $f' > 0$，$l'_H < 0$，$l_H < 0$，即物方主面在凸面之前，像方主面在凹面之前，如图 5-17(a) 所示。

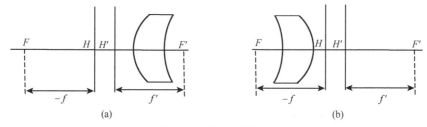

图 5-17　正弯月形透镜

6. 负弯月形透镜

这种透镜的两个球面半径也同号，即均弯向同一侧，但凸面曲率半径的绝对值较大，因此，这种透镜的中心薄而边缘厚。设 $r_2 > r_1 > 0$，如图 5-18(a) 所示。

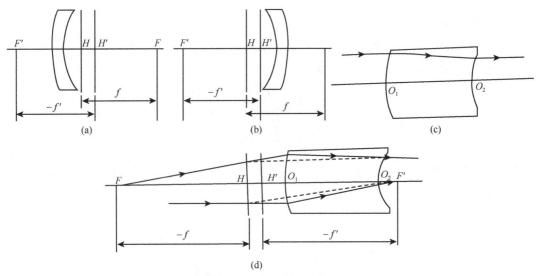

图 5-18   负弯月形透镜

负弯月形透镜的焦距和主面分布与双凸透镜相似，也随厚度而异。通常，$d < \left| \dfrac{n(r_2 - r_1)}{n-1} \right|$，由式(5-50)知，$f' < 0$，为发散透镜，且 $l'_H > 0$，$l_H > 0$，即两主面均偏于透镜凹面的球心一侧。

当 $d = \left| \dfrac{n(r_2 - r_1)}{n-1} \right|$ 时，则有 $f' = \infty$，$l'_H = \infty$，$l_H = \infty$，如图 5-18(c)所示，此时，透镜为一望远镜系统。

当厚度继续增大，使 $d > \left| \dfrac{n(r_2 - r_1)}{n-1} \right|$ 时，则有 $f' > 0$，$l'_H < 0$，$l_H < 0$，即变成为一会聚透镜，且两主面都在凸面一侧，如图 5-18(d)所示。

7. 等厚透镜

这种透镜的两个球面半径符号相同，且数值相等，即 $r_1 = r_2 = r$，因此，透镜的中心和边缘厚度相等。由式(5-50)可得

$$f' = \frac{n r_1 r_2}{(n-1)^2 d} > 0$$

由此看出，此种透镜的焦距很大，即光焦度 Φ 很小。

由(5-52)式可看出，此时

$$l'_H = l_H = \frac{-r}{n-1}$$

即两主面均在凸面一侧，且两个主面之间的间隔等于透镜的厚度，如图 5-19(a)所示。

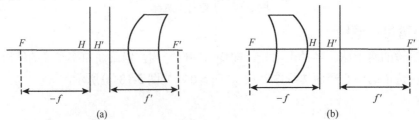

图 5-19   等厚透镜

5.6.3 薄透镜与薄透镜组

实际应用中，绝大多数透镜的厚度与其焦距或球面半径相比是一个很小的数值，由公式(5-50)知，有厚度 d 的一项远小于另一项。故将含 d 的一项略去，并不会引起其成像结果的实质性变化，但这却能对分析带来方便。这种略去厚度不计，即认为厚度近似为零的透镜称为薄透镜，其焦距公式可简化为：

$$\phi = \frac{1}{f'} = (n-1)(\frac{1}{r_1} - \frac{1}{r_2}) \tag{5-53}$$

而其两主点和两焦点的位置表示为

$$l'_H = l_H = 0$$

$$l'_F = f', \quad l_F = f$$

即薄透镜的两主面相重合，如图 5-20 所示为一正薄透镜和一负薄透镜。因此，薄透镜的光学性质仅由焦距或光焦度所决定。

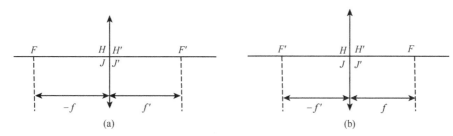

图 5-20 薄透镜

对于薄透镜的组合，也可利用上一节讨论的各个光组组合公式。当两薄透镜的间隔为 d 时，其总光焦度仍可用式(5-42)表示

$$\phi = \phi_1 + \phi_2 - d\phi_1\phi_2$$

当两薄透镜相接触时，$d=0$，则总光焦度表示为

$$\phi = \phi_1 + \phi_2 \tag{5-54}$$

用薄透镜的概念来处理问题，可使作图和计算过程大为简化。

习 题 五

5-1 试用作图法对位于空气中的正、负厚透镜，分别对以下物距：$-3f'$，$-2f'$，$-1.5f'$，$-f'/2.0$，$f'/2$，$2f'$，求像平面的位置。

5-2 用作图法求解下列共轭物或像的位置与大小，见图 5-21。（$n' = n$）

5-3 已知下列数据，求经薄透镜后像的位置和大小，并用作图法校对之。

    (1) f'=20cm, x=−10cm, y=5cm;

    (2) f'=−20cm, x=−5cm, y=5cm;

    (3) f'=20cm, x=−60cm, y=10cm;

    (4) f'=−20cm, x=5cm, y=5cm。

[(1)x'=40cm, β=−2, y'=−10cm; (2)x'=80cm, β=4, y'=20cm; (3) x'=6.67cm, β=−0.33, y'=−3.3cm; (4) x'=−80cm, β=−4, y'=−20cm]

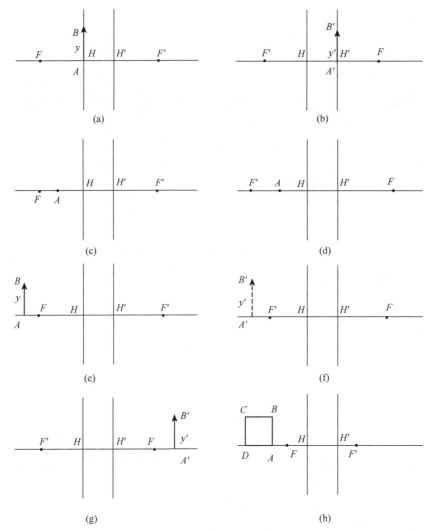

图 5-21 习题 5-2 图

5-4 有一高为 10mm 的物体位于焦距 $f'=250$mm 的负透镜前 600mm 处，求其像的位置、大小、虚实和正倒?

[$l'=-176.5$mm，$\beta=0.3$，$y'=3$mm，虚像，正像]

5-5 已知照相镜头的焦距 $f'=75$mm，被摄景物位置(以 F 点为原点)$x=-\infty$，-10，-6，-2m 处，试求照相底片应分别放在离镜头的像方焦面多远的位置。

[0mm，5.6mm，9.4mm，28.1mm]

5-6 有一薄凸透镜对某一实物成一倒立实像，像高为物高的一半，今将物向透镜方向移近 100mm，则所得的像与原物同样大小。试求该透镜的焦距。

[100mm]

5-7 一薄透镜位于空气中，垂轴放大率 $\beta=-10$，物面与像面之间的距离(即共轭距离)为 500mm，求该透镜的焦距。

[41.3mm]

5-8 有一像屏放在离物 100cm 处，当把一个薄正透镜放入物和像屏之间时，透镜有二个位

置可在像屏上得到物的像,若透镜在这两个位置相距为 20cm。试求:(1)这两个位置
上的垂轴放大率;(2)该正透镜的焦距。

$$[(1)-2/3, -3/2; (2)24\text{cm}]$$

5-9 试用作图法求下列组合系统的基点位置,见图 5-22。

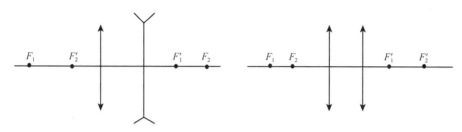

图 5-22 习题 5-9 图

5-10 有两块薄透镜,其焦距 $f_1'=40\text{mm}$,$f_2'=30\text{mm}$,两透镜间隔 $d=15\text{mm}$,求组合系
统的焦距和基点位置,并作图校对之。

$$[f'=21.8\text{mm}, \quad x_F'=-16.4\text{mm}, \quad x_H'=-38.2\text{mm}]$$

5-11 一焦距为 100mm 的薄透镜与另一焦距为 50mm 的薄透镜组合,其组合系统的焦距
仍为 100mm,求两薄透镜的相对位置和组合系统的基点位置,并用作图校对之。

$$[200\text{mm}, \quad x_F'=-50\text{mm}, \quad x_H'=100\text{mm}]$$

5-12 一薄透镜对一实物成一等大倒立实像,现以另一薄透镜紧贴在上述透镜上,则见像
向透镜方向移近 20mm,垂轴放大率为原先的 3/4 倍,求两块透镜的焦距各为多少?

$$[40\text{mm}, 30\text{mm}]$$

5-13 已知一透镜 $r_1=12\text{cm}$,$r_2=-24\text{cm}$,$d=2\text{cm}$,其玻璃折射率为 1.50,求其焦距和基点
位置。如果在第一面之前 2m 处有一物体,求所成像的位置。

$$[16.3\text{cm}, -0.9\text{cm}, 0.45\text{cm}, 17.7\text{cm}]$$

5-14 一块厚透镜,$n=1.60$,$r_1=12\text{cm}$,$r_2=-32\text{cm}$,$d=3\text{cm}$,试求该透镜的焦距和基点位置。
如果一高为 1cm 的物距透镜为 5m 时,问其像在何处?大小如何?如果以平行光入射
该透镜时,使透镜绕光轴上某一点(即绕一与光轴垂直的轴)摆动,而要求像点不动,
问该轴位置应安放在何处?

$$[f'\approx14.9\text{cm}, \quad l'\approx15.3\text{cm}]$$

5-15 有一眼镜片,其介质的折射率为 1.50,当其镜度(即光焦度)分别为 ±5D,而镜片第
一面的镜度为 6D 时,求该镜片前后二球面的曲率半径各为多少?(以薄透镜计算)

$$[55.6\text{mm}, 333.3\text{mm}; 55.6\text{mm}, 30.3\text{mm}]$$

5-16 一曲率半径绝对值相同的双凸薄透镜,其介质折射率 $n=1.745$,若它的光焦度
$\varphi=3\text{D}$,求该透镜的曲率半径。

$$[496.7\text{mm}, -496.7\text{mm}]$$

5-17 一平凸透镜厚为 2.8cm,其玻璃折射率为 1.53;若其凸面的曲率半径为 3.50cm,试
求:(1)该透镜的焦距和光焦度。(2)从二顶点分别到相应焦点的距离。(3)从二顶点
分别到相应主点的距离。

$$[(1)6.60\text{cm}, 0.15\text{D}; (2) 6.6\text{cm}, 4.77\text{cm}; (3) 0, -1.83\text{cm}]$$

5-18 一双凸镜片前后两面的镜度分别为 5D 和 8D，其折射率为 1.50，中心厚度为 18.75mm，求此镜片的焦距和主点位置。

[727.4mm，27.7mm，44.3mm]

5-19 一薄透镜系统由 6D 和 −8D 的两个薄透镜组成，二透镜间隔为 10cm，求组合系统的光焦度和焦距。若两镜片紧贴使用，则其组合系统的光焦度和焦距又是多少？

[−6.8D，−14.7cm；−2D，−50cm]

（王 磊）

第六章　光学系统中的光束限制

实际光学系统中，除应用各种光学零件的组合来满足成像要求，还需适当的光束口径和成像范围，以获得一定的像面照度和物面细节，这就需要合理限制光束。通常用中心位于光轴上且垂直于光轴的通光孔或屏来实现，称为**光阑**(stop)。通光孔一般多为圆形，若其与光学零件相重合，固定的光学零件如透镜的镜框就成了光阑。光阑要求在成像范围内的各点，以一定大小的光束通过光学系统成像，这样可使光学系统的大小结构尽可能小巧合理，又保证在一定的像平面上有足够的光能和分辨率。

§6.1　光阑及其作用

光学系统的光阑，按其作用不同可分为孔径光阑、视场光阑、渐晕光阑和消杂光光阑。其中前二种对光学系统中成像光束和成像范围起限制作用，在本节中将主要讨论。

6.1.1　孔径光阑

孔径光阑(aperture of stop)或称**有效光阑**(effective stop)，表示在光学系统中，起限制轴上物点入射光束立体角的光阑，简称**孔阑**(aperture)。如果在子午面上来考察，这种光阑将决定轴上点入射平面光束的孔径角。如图 6-1 所示，光阑 Q_1QQ_2 在此光学系统中起着限制成像光束的作用，即为孔径光阑。

如图 6-1 所示，孔径光阑被它前面的所有光学零件在光学系统的物空间所成的像 P_1PP_2 称为**入射光瞳**(entrance pupil)，简称**入瞳**(entrance pupil)。入射光瞳对轴上物点张角 U 即为**物方孔径角**。入射光瞳的大小决定了光学系统的物方孔径角 U。如果将光学系统中所有的通光孔分别通过其前面的所有光学零件成像到物空间，则入射光瞳对轴上物点张角即物方孔径角必定是其中为最小的一个。同样，孔径光阑被它后面的所有光学零件在光学系统的像空间所成的像 $P'_1P'P'_2$ 称为**出射光瞳**(exit pupil)，简称**出瞳**(exit pupil)。出射光瞳对轴上物点张角 U' 即为**像方孔径角**。同理，出射光瞳必定是其中对轴上像点张角为最小的一个。显然，入射光瞳通过整个光学系统所成的像就是出射光瞳，二者对整个光学系统是相互共轭的。因此，入射光瞳、孔径光阑和出射光瞳三者是相互共轭的。若孔径光阑刚好位于整个光学系统前，则它本身也是入瞳；反之，如位于系统后，则它本身也是出瞳。入瞳和出瞳统称为**光瞳**(pupil)。

如图 6-1 所示，入瞳 P_1PP_2 对轴上物点 A 的张角 U 为最小，与入瞳相共轭的实际光阑 Q_1QQ_2 就是孔径光阑。同理，出瞳 $P'_1P'P'_2$ 对轴上像点 A' 的张角 U' 为最小，与出瞳相共轭的实际光阑 Q_1QQ_2 就是孔径光阑。这两种方法常用来确定实际光学系统中未知的孔径光阑。

从图 6-1 可看出，由轴外物点 B 发出的子午面光线只有一条通过光阑的中心，称为**主光线**(chief ray)。主光线延伸至物方空间必通过入瞳的中心。同样，主光线延伸至像方空间则必通过出瞳的中心。可见，主光线是各个物点发出的成像光束的轴线。

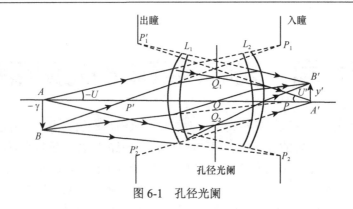

图 6-1　孔径光阑

实际中常以入瞳直径与焦距的比值 D/f' 即相对孔径（relative aperture）来表示孔径光阑的大小。它是光学系统的一个重要性能指标。在光学系统焦距一定时，相对孔径越大，则入瞳越大，同时孔径角也越大。

光学系统的孔径光阑只是对一定位置的物体而言的。如果物体位置发生变化，则原来的孔径光阑会失去限制光束的作用，成像光束将被其他光孔所限制。如图 6-2 所示，如果该系统对无限远处的物体成像时，原来的孔径光阑 Q_1QQ_2 失去限制光束作用，此时限制光束的则是透镜 L_1 的边框。对于无限远处的物体而言，光学系统的所有光孔被其前方的光学零件组在物空间所成的像中，直径最小的一个光孔像即为光学系统的入射光瞳。由图 6-2 可知，透镜 L_1 本身的直径显然比其他两个光孔 Q 以及 L_2 被透镜 L_1 所成的像的直径都要小，因此，透镜 L_1 边框即是入射光瞳，又是孔径光阑。

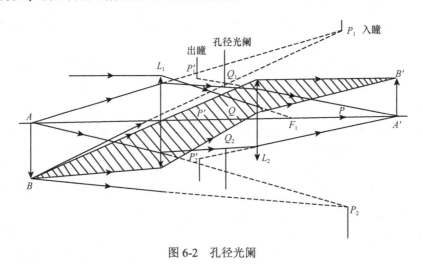

图 6-2　孔径光阑

6.1.2　视场光阑

光学系统中能清晰成像的范围称为**视场**（field of view），起限制视场大小作用的光孔，称为**视场光阑**（field stop）。如图 6-3 所示，设孔径光阑或入瞳为无限小，使得只有一条主光线通过光学系统，因此，光学系统的成像范围便由对主光线发生限制的光孔所决定。对物平面上不同高度的两点 B 和 C 作主光线 BP 和 CP，分别经过透镜 L_1 和 L_2 的边缘，其中通过透镜 L_2 边缘的那条主光线与主轴的夹角为最小，这表示只有在 B 点以内的物点才可以被光学系统成像，而在 B 点以外的点(如 C 点)，其主光线虽能通过透镜 L_1，但被透镜 L_2 的镜框所阻拦。因此，透镜 L_2 的镜框是决定物面(或物空间)上成像范围的光孔，即为视场光阑。

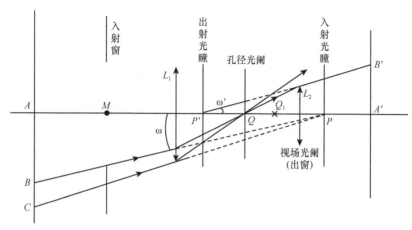

图 6-3　视场光阑

视场光阑经它前面的光学零件在光学系统的物空间所成的像，称为**入射窗**(input window)，简称**入窗**(window)。它对物面(或物空间)的成像范围起限制作用。视场光阑经它后面的光学零件在光学系统的像空间所成的像，称为**出射窗**，简称**出窗**(exit window)。它限制了像面(或像空间)的成像范围。显然，入射窗，视场光阑和出射窗三者相互共轭，而出射窗就是入射窗通过整个光学系统所成的像，二者对整个光学系统是相互共轭的。如果视场光阑刚好位于光学系统前，则它本身也是入射窗；反之，若位于光学系统后，则它本身也是出射窗。

如果把光学系统中除孔径光阑以外的所有光孔通过其前面的光学零件成像到光学系统的物空间，则在这些光孔像中对入瞳中心的张角最小的即为入射窗。这是因为入射窗限制着物空间的成像范围之故。于是，与入射窗相共轭的实际光阑就是视场光阑。同理，如果把光学系统中除孔径光阑以外的所有光孔通过其后面的光学零件成像到光学系统的像空间，则在这些光孔像中对出瞳中心的张角最小的，即为出射窗。因为出射窗限制了像空间的成像范围。于是，与出射窗相共轭的实际光阑即为视场光阑。用此两种方法即可找出光学系统的视场光阑。

由图 6-3 可知，光学系统中的入射窗、视场光阑和出射窗在各自的空间对同一条主光线起限制作用，主光线和光轴之间的夹角即表示整个光学系统的视场角。在物空间，入射窗边缘对入瞳中心的张角，称为物方视场角，用 2ω 表示；在像空间，出射窗边缘对出瞳中心的张角，称为**像方视场角**，用 $2\omega'$ 表示。为方便计算，则常用半视场角 ω 和 ω'，或半线视场 y 和 y' 来表示光学系统视场的大小。这里，ω 和 ω' 的符号规则是由光轴转向光线，顺时针为正，逆时针为负。

值得注意的是，视场光阑只是对一定位置的孔径光阑而言，当孔径光阑位置改变时，原先的视场光阑将可能被其他的光孔所代替。

在任一实际的光学系统中，都同时存在着孔径光阑和视场光阑。但任一个光孔都不可能同时成为孔径光阑和视场光阑，即不可能同时起这两个光阑的作用。

6.1.3　渐晕光阑

如图 6-2 所示，L_1 和 L_2 为两个透镜，分别位于孔径光阑两侧。由轴外点 B 发出充满入瞳的光束，其下面有一部分被透镜 L_1 拦掉，其上面也有一部分被透镜 L_2 拦掉，只有中间一部分即阴影部分可以通过光学系统成像，这种轴外点光束被部分地拦截的现象称为轴外点光束的**渐晕**(vignetting)。对轴外点发出的光线产生拦截的光阑称为**渐晕光阑**(vignetting stop)。显然物点离光轴愈远，渐晕愈大，其成像光束的孔径角较轴上点成像光束的孔径角要小得多。轴外点成像光束与轴上点成像光束在光瞳面上的线度之比称渐晕系数。一般照相物镜视场边缘点允许渐晕系数为 50%，即可以拦截掉光束的一半，这样，视场边缘点的亮度也只有视物中心亮度的一半。

在光学系统中，如要避免渐晕现象，就必须使入射窗和物平面重合，或者像平面和出射窗重合。但须指出当光学系统中透镜较多，且孔径都不大时，虽然视场光阑不起拦光作用，其他透镜的边框仍可拦截光束而造成渐晕。只有单组的光学系统，如低倍显微物镜、望远物镜等，常不另设孔径光阑。物镜本身就是孔径光阑，入瞳、出瞳均与之重合、并满足入射窗和物平面重合的条件，才能无渐晕地成像。此时，入射窗完全决定了视场，即入瞳中心对入射窗边缘所张的角是实际的视场角，在像面上有清晰的视场边界。

6.1.4 消杂光光阑

在成像过程中，除由成像物体发出的光线外，常有一些光线从视场外入射系统，如光学系统中各光学表面和仪器内壁等反射和散射所产生，成为**杂散光**(stray light)。假如让这些杂散光都进入光学系统参与成像，就会使像面产生明亮背景，从而降低像的衬度，危害成像质量。因此，在一般光学仪器中，常通过在光学系统中专门设置光阑来消除杂光，即消杂光光阑，此种光阑不限制光学系统中的成像光束，而只限制一些来自非成像物体的杂散光。

大型及精密仪器都必须专门设置消杂光光阑，普通的光学仪器一般采用在镜筒内壁车螺纹、涂黑色消光漆以尽量减少杂散光。

§6.2 光学系统的景深和焦深

前面讨论了垂直于光轴的物平面上各点的成像情况，属于这类成像情况的光学仪器有幻灯机、投影仪等。但是，实际上有许多光学系统要求把物空间中一定深度范围内的各物点成像在同一个像平面上，如照相机和望远镜等，眼睛也属此类。

平面物体的成像和有一定深度范围的物空间所成的平面像原则上是有区别的。对于前者，物、像平面之间满足一一对应的共轭关系，在理想成像的条件下，像面上所有点均为清晰的点像。对于后者，像平面上除了映出与其共轭的物平面的像之外，同时还映出了位于其共轭物平面前后空间各点的像。但是，这些非共轭点在像平面上所成的不再是点像，而是一些相应光束的截面即**弥散斑**(disc of confusion)。只有当这些弥散斑尺寸足够小时，例如它对眼睛的张角小于人眼的最小分辨角，则仍可将其视为空间物点的共轭点像。

6.2.1 景深

如图 6-4 所示，设入瞳和出瞳分别与两主平面 H 和 H' 重合，则入瞳和出瞳直径相等，用 D 表示。物平面 A 称为对准平面，像平面 A' 称为景像平面。平面 A 和 A' 为一对共轭面。

空间点 B_1 和 B_2 位于对准平面 A 以外，它们的像点 B_1' 和 B_2' 也必定在景像平面 A' 之外。此时，在景像平面 A' 上得到的只是两像点相应光束 $B_1'P_1'$ 与 $B_1'P_2'$ 和 $B_2'P_1'$ 与 $B_2'P_2'$ 在景像平面上的截面，即形成两个弥散斑，其直径分别为 z_1' 和 z_2'。它们分别与物空间相应光束 B_1P_1 与 B_1P_2 和 B_2P_1 与 B_2P_2 在对准平面 A 上的截面直径 z_1 和 z_2 相共轭。如果弥散斑 z_1' 和 z_2' 足够小，即小于接收器所给出的分辨率，可认为该弥散斑 z_1' 和 z_2' 就是空间点在像平面 A' 上所成的"点"像。由这样的"点像"组成的像面是清晰的，该像面即称为空间的平面像。

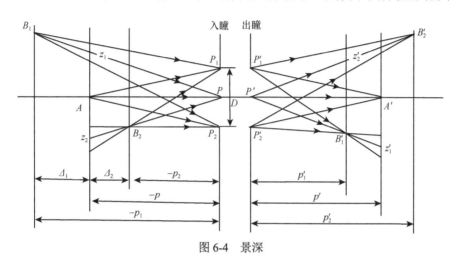

图 6-4　景深

在景像平面上获得清晰像的物空间深度，称为**景深**(depth of filed)。用Δ表示。能在景像平面上成清晰像的最远物平面，即物点 B_1 所在的平面，称为远景；能在景像平面上成清晰像的最近物平面，即物点 B_2 所在的平面，称为近景。它们到对准平面的距离分别以Δ$_1$ 和Δ$_2$ 表示之，分别称为**远景深**(far depth of field)和近景深。显然，景深就是远景深和近景深之和，即Δ=Δ$_1$+Δ$_2$。

在图 6-4 中，对准平面、远景和近景到入瞳(即物方主面)的距离分别为 $-p$、$-p_1$ 和 $-p_2$。它们在像空间相应的共轭面到出瞳(即像方主面)的距离分别为 p'、p_1'、和 p_2'。因为景像平面上的弥散斑 z_1' 和 z_2' 分别与对准平面上的弥散斑 z_1 和 z_2 相共轭，则有

$$z_1'=\beta z_1, \qquad z_2'=\beta z_2$$

式中，β 为共轭面 A 和 A' 间的垂轴放大率。

从图 6-4 中的相似三角形关系可得

$$\frac{z_1}{D}=\frac{p_1-p}{p_1}, \qquad \frac{z_2}{D}=\frac{p-p_2}{p_2}$$

于是，可求得

$$p_1=\frac{Dp}{D-z_1}, \qquad p_2=\frac{Dp}{D+z_2} \qquad (6\text{-}1)$$

由于要使在景像平面上的弥散斑小于能成清晰像的程度，则对 z_1 和 z_2 大小的限制应是相同的，即取等值 $z_1=z_2=z$，相应地有 $z_1'=z_2'=z'$，并以 $z=z'/\beta$ 代入上式，得

$$p_1=\frac{D\beta p}{D\beta-z'}, \qquad p_2=\frac{D\beta p}{D\beta+z'} \qquad (6\text{-}2)$$

所以，可得景深为

$$\Delta = \Delta_1 + \Delta_2 = p_2 - p_1 = -\frac{2D\beta pz'}{D^2\beta^2 - z'^2} \tag{6-3}$$

由此可见，当景像平面上的弥散斑大小 z' 规定后，景深与光学系统的入瞳直径 D、对准距离 p 和垂轴放大率 β 等因素有关。

又因为 $\beta \approx \dfrac{f'}{-p}$，则(6-3)式又可写为

$$\Delta = \frac{2Df'p^2z'}{D^2f'^2 - p^2z'^2} \tag{6-4}$$

由此式可知，景深随入瞳直径 D 的增大而减少，亦随焦距 f' 的增大而减小；但随对准距离 p 的增大而增大。在拍照片时，把光圈缩小或把对准距离加大以获得较大景深，就是这个道理。

6.2.2 焦深

对于同一对准平面(即物平面)，能够获得清晰像的像空间深度称为**焦深**(depth of focus)。如图 6-5 所示，A' 为对准平面 A 的理想像面。在理想像面 A' 前后各有平面 A_1' 和 A_2'，它们与理想像面 A' 相距分别为 Δ_1' 和 Δ_2'。显然，在 A_1' 和 A_2' 面上接收到的将不是对准平面上物点的理想像点，而是弥散斑 ξ_1' 和 ξ_2'。如果此弥散斑足够小，小到使接收器仍认为是一个"点"像时，则在 A_1' 和 A_2' 面上得到的仍然是对准面上物点的清晰像点。像空间中偏离理想像面的 A_1' 面和 A_2' 面之间的这一距离 $\Delta_1' + \Delta_2'$，即为焦深，用 Δ' 表示。

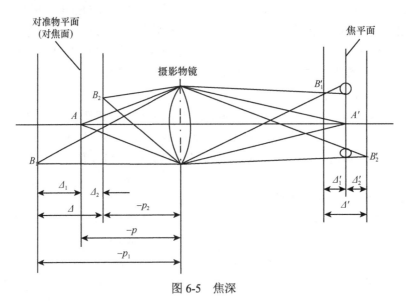

图 6-5 焦深

由图 6-5 中的几何关系，并设 $\xi_1' = \xi_2' = \xi'$，可得焦深关系式为

$$\Delta' = \Delta_1' + \Delta_2' = \frac{2\xi'l'}{D} \tag{6-5}$$

由此可见，焦深与允许弥散斑大小 ξ'，像距 l'，及入瞳大小 D 有关。在 ξ' 和 l' 一定时，焦深和景深一样，也是随着入瞳 D 的增大而减小。

综上所述，景深和焦深都是能够获得清晰成像的空间范围，但景深是指物空间深度，

而焦深则是指像空间深度。这两个概念都是由孔径光阑的引入而产生的，随着孔径光阑孔径的减小，使得光学系统中被限制的光束口径减小，从而使景深和焦深都相应加大；反之，如果孔径光阑增大，则景深和焦深都减小。

§6.3 远心光学系统

光学仪器中有多种用于测量长度的计量仪器，可分为两类：第一类仪器特点是有确定的放大率，使被测物体的像与一分划板相比，直接读出物体的长度，而分划板的刻度值则按光学系统的放大率得出。如工具显微镜等计量光学仪器。另一类是将标尺放在不同位置，通过改变光学系统放大率而使标尺像等于一个已知值，然后可得仪器到标尺的距离。如经纬仪、水准仪等大地测量仪器的测距装置。

6.3.1 物方远心光学系统

第一类光学仪器测量时，其测量精度取决于像平面与分划板的重合程度，一般可通过对被测物进行调焦来实现。实际测量中，由于人眼的分辨能力有限，存在一定的景深，不可能做到像平面和分划板完全重合，这种现象称为视差。

如图 6-6 所示，当物体位于 Q 时，分划板上得到大小为 h' 的清晰像 $A'B'$。但当物位于 Q_1 时，被测物的清晰像位于分划板后，在分划板上只能得到一弥散像 $A''B''$，大小为 h_1'。因为存在景深使得两个像的清晰度无法区分。这样根据放大率计算出的物体大小与实际大小 h' 产生了偏差。视差越大物体两端的主光线与光轴夹角越大，测量误差也越大。

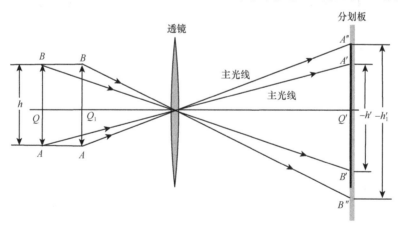

图 6-6 视差的形成

若将孔径光阑设置于物镜的像方焦平面上，光阑即物镜的出射光瞳，则由物镜射出的每一光束的主光线都通过光阑中心所在的像方焦点，而物方主光线都是平行于光轴的，这样就可消除或大为减少测量误差。像这样孔径光阑位于物镜的像方焦平面的光学系统称为物方远心光学系统。

如图 6-7 所示，若物 AB 位于 Q 处，Q 位置与分划板共轭。在分划板上成像 $A'B'$ 最清晰。如果调焦不准，物体位于 Q_1 处，则其像将偏离分划板而位于其后方，而在分划板平面得到的是弥散像。但是，因为物体上每一点发出的光束的主光线都是平行于光轴的，因此通过分划板平面的弥散像的大小 $A''B''$ 与 $A'B'$ 大小相等。所以，在物方远心光学系统下，调焦不准并不影响测量结果。

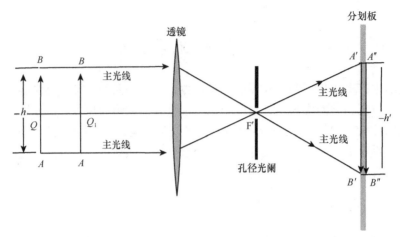

图 6-7　物方远心光学系统

6.3.2　像方远心光学系统

第二类测量仪器具体测量时，物体(标尺)不动，分划板相对透镜移动，测量物高，求出放大率，进而求出物距。同样，由于调焦不准，物体(标尺)的像和分划板平面不重合，使得读数产生误差而影响测量精度。为消除或减少这种误差，可在物方焦平面设置一个孔径光阑，使像方主光线平行于光轴。像这样的光学系统称为像方远心光学系统。

如图 6-8 所示，孔径光阑也是入射光瞳，此时进入物镜光束的主光线都通过光阑中心所在的物方焦点。则这些主光线在物镜像方平行于光轴。若物体 AB 的像未与分划板表面

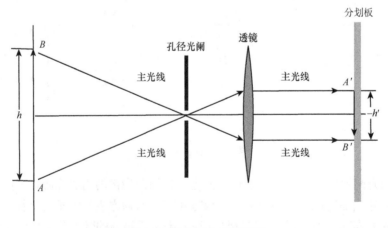

图 6-8　像方远心光学系统

重合，而是在分划板上得到弥散像。但由于像方的主光线平行与光轴，则弥散斑中心距离 $A'B'=-h'$，与实际像长度相等。因此，不管分划板表面是否与像相重合，它在分划板上得到的长度总是 $-h'$，测量结果无误差。

习　题　六

6-1　一焦距 f'= 100 毫米的薄透镜，其镜框直径 D_L=60mm，若在该透镜前 50 mm 处放置一直径 D_Γ=50 mm 的光阑，问实物处于哪一范围时，光阑为孔径光阑？另处于哪一范围时，透镜框为孔径光阑？其相应的入瞳和出瞳的位置和大小又各为多少？

[（1）实物在透镜前 300 mm 以远时，光阑既是孔径光阑又是入瞳，出瞳位于透镜左方离透镜 100 mm 处，它的直径为 100 mm；（2）在透镜前 300 mm 以内时，透镜框为孔径光阑，既是入瞳，又是出瞳。]

6-2　一照相镜头的焦距为 56 mm，相对孔径 D/f'=1：1.2，底片尺寸为 24×24 mm^2，求入瞳和最大视场角的大小。

[46.67 mm；33.72°]

6-3　一薄透镜的焦距为 50 mm，口径为 60 mm，在它后面 15 mm 处放有一孔径为 40mm 的光阑。现有一高为 22 mm 的物体位于透镜前 80 mm 处，试求入瞳和出瞳的位置和大小，并用作图法校验之。

[光阑既是孔径光阑，又是出瞳，入瞳在透镜右 21.43 mm 处，大小为 57.14 mm]

6-4　有一由二个薄透镜组成的系统，其焦距分别为 f_1'=100 mm 和 f_2'=150 mm，两透镜的通光孔径均为 30 mm，其间隔 d=50 mm。现在第一个透镜后 30 mm 处设置一直径为 20 mm 的孔径光阑，试求：

（1）入瞳和出瞳的位置和大小；

（2）找出视场光阑，并计算入射窗和出射窗的位置和大小；

（3）位于第一透镜前 500 mm 处的物面的视场有多大？

[（1）入瞳在透镜 L_1 右 42.86 mm 之处，大小为 28.57 mm；出瞳在透镜 L_2 左 23.08 mm 之处，大小为 23.08 mm。（2）透镜 L_1 既是视场光阑，又是入射窗，出射窗在 L_2 左 75 mm 之处，大小为 45 mm。（3）位于第一透镜前 500 mm 处的物面视场角为 38.58°，物面视场为 379.98 mm]

6-5　有一焦距 f'=50 mm 的放大镜，其孔径 D=40 mm，人眼（即指瞳孔）离放大镜 20 mm 来观看位于物方焦平面附近的物体，瞳孔直径为 4 mm。试问：

（1）此光学系统中，哪一光孔为孔径光阑？哪一光孔为视场光阑？并求入瞳和出瞳、入窗和出窗的位置和大小；

（2）人眼所见的视场有多大？

[（1）瞳孔既是孔径光阑，又是出瞳，入瞳在放大镜 L 右 33.3 mm 之处，大小为 6.7 mm。放大镜 L 既是视场光阑，又是入窗和出窗。（2）像方视场角为 90°，像方视场为 140 mm]

6-6　试用作图法求图 6-9 所示的光学系统中的孔径光阑、入瞳和出瞳的位置和大小，假设物在 A 点。

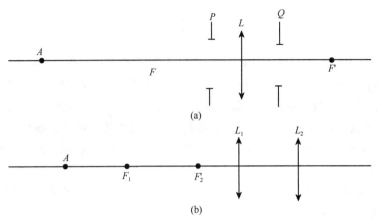

图 6-9 作图法求孔径光阑、入瞳和出瞳

（曾林泽　汤明玥）

第七章　光度学与色度学基础

前面，我们研究光学系统的成像规律时，只是研究了光能(辐射能)传播方向的问题，关心的是物体通过光学系统的成像位置和大小，而没有讨论光学系统中光能传输的数量问题，如光的强弱和像的亮度。从能量的观点看，光线从光源(发光体)发出，经过中间介质(如大气等)和光学系统，最后到达接收器(如人眼、感光底片、光电元件等)是一个能量传输过程。研究可见光的测试、计量和计算的学科称为"光度学"(photometry)。研究 X 光、紫外光、红外光以及其他电磁波辐射的测试、计量和计算的学科称为"辐射度学"(radiometry)。光度学是辐射量度学的一部分或特例，光度学中的光是指可见光。光度学和辐射量度学两者在研究方法上和概念上基本相同，光度学中的量和辐射量度学中的量是一一对应的。

应该指出，光度学并不是几何光学的一部分。但是在许多实际情况下，几何光学的模型可以作为研究光度学的基础。在光度学中，我们把光看作是沿光线进行的能量流，并且遵守能量守恒定律，即光束的任一截面在单位时间内所通过的能量为一常数。

本章前三节将介绍有关光度学的基本知识。

光和颜色密切相关，人眼能对可见光做出选择性反应，从而产生色觉。而"色度学"(colorimetry)是对颜色刺激进行测量、计算和评价的学科。色度学是颜色科学的重要组成部分，它广泛应用于纺织、印刷、摄影、电视等领域。为了能在《视光学》等后继课程中更好地讨论有关人眼的光觉和色觉问题，本章的后二节将介绍有关色度学的基本知识。

§7.1　辐射度学量与光度学量

在光学中，与能量有关的量有两类：一类是物理量，称为辐射度学量，它用来表示辐射能的大小；另一类是生理量，称为光度学量，它用来表示人眼对辐射能的视觉强度。下面作一些基本介绍。

7.1.1　立体角

立体角在光度学中是一个常用的几何量。发光体是在它周围一定空间内辐射能量的，因此有关辐射能量的讨论和计算问题，将是一个立体空间问题。把整个空间以某一点为中心，划分成若干立体角。立体角的定义是：一个任意形状的封闭锥面 dS 所包含的空间称为立体角，用 $d\Omega$ 表示，如图 7-1 所示。

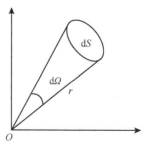

$$d\Omega = \frac{dS}{r^2} \qquad (7-1)$$

立体角的单位为球面度(sr)。即以锥顶为球心，以 r 为半径作一圆球，如锥面在圆球上所截面积等于 r^2，则该立体角为 1 "球面度"(sr)。

图 7-1　立体角

对图 7-1 中的 O 点来讲，其对四周整个空间所张的立体角，可由式(7-1)求出。由于整个球面的面积为 $4\pi r^2$，因此对于整个空间有

$$\Omega = \frac{4\pi r^2}{r^2} = 4\pi$$

即整个空间等于 4π 球面度。

7.1.2 辐射通量

一个辐射体辐射的强弱，可以用单位时间内该辐射体所辐射的总能量表示，称为"辐射通量"，用符号 Φ_e 表示，它的单位就是功率的单位，用瓦特(焦耳／秒)来度量。实际上，辐射通量就是辐射体的辐射功率。

任何一种辐射都是由一定波长范围内的各种波长的辐射所组成，而每种波长的辐射通量可能各不相同。设 $\Phi_{e\lambda}$ 为辐射通量随波长变化的函数，则总的辐射通量为

$$\Phi_e = \int_0^\infty \Phi_{e\lambda} \mathrm{d}\lambda \qquad (7-2)$$

7.1.3 辐射强度

为了表示辐射体在不同方向上的辐射特性，我们在给定方向上取立体角 $\mathrm{d}\Omega$，在 $\mathrm{d}\Omega$ 范围内的辐射通量为 $\mathrm{d}\Phi_e$，如图 7-2 所示。我们把 $\mathrm{d}\Phi_e$ 与 $\mathrm{d}\Omega$ 之比称为辐射体在该方向上的"辐射强度"，用符号 I_e 表示

$$I_e = \frac{\mathrm{d}\Phi_e}{\mathrm{d}\Omega} \qquad (7-3)$$

辐射强度的单位为瓦每球面度(W/sr)。

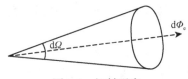

图 7-2 辐射强度

辐射通量 Φ_e 和辐射强度 I_e 只表示光源元面积在单位时间内传送出的客观能量的多少，但却没有反映出这些能量所能引起的人们的主观感觉—视觉的强度。实际上，不同波长的光的数量不相等的辐射通量可能引起相等的视觉强度，而相等的辐射通量的不同波长的光，却不能引起相等的视觉强度，因为人眼对不同波长的光有不同的感光灵敏度。

为了研究客观的辐射通量与其在人眼所引起的主观感觉的强度之间的关系，首先必须了解眼睛对各种波长光的灵敏度。为此，下面讨论人眼的视见函数。

7.1.4 人眼的视见函数

当人眼从某一方向观察一个辐射体时，人眼视觉的强弱，不仅取决于辐射体在该方向上的辐射强度，同时还和辐射的波长有关。人眼只能对可见光产生视觉，并且对不同波长光的视觉敏感度也是不一样的。对黄绿光最敏感，对红光和紫光较差，对可见光以外的红

外线和紫外线则全无视觉反应。为了表示人眼对不同波长辐射的敏感度差别，定义了一个函数 $V(\lambda)$，称为"视见函数"（"光谱光视效率"）。

把对人眼最灵敏的波长 $\lambda=555$nm 的视见函数规定为 1，即 $V(555)=1$，其他波长 λ 的视见函数与 $V(555)$ 之比，作为该波长 λ 的视见函数 $V(\lambda)$，显然，$V(\lambda)\leqslant1$。

不同人在不同观察条件下，视见函数略有差别，为统一起见，1971 年国际光照委员会（CIE）在大量测定基础上，规定了视见函数的国际标准。表 7-1 就是明视觉视见函数的国际标准。图 7-3 为人眼的视见函数曲线。

表 7-1　明视觉视见函数的国际标准值

光线颜色	波长(nm)	$V(\lambda)$	光线颜色	波长(nm)	$V(\lambda)$
紫	400	0.0004	黄	580	0.8700
紫	410	0.0012	黄	590	0.7570
靛	420	0.0040	橙	600	0.6310
靛	430	0.0116	橙	610	0.5030
靛	440	0.0230	橙	620	0.3810
蓝	450	0.0380	橙	630	0.2650
蓝	460	0.0600	橙	640	0.1750
蓝	470	0.0910	橙	650	0.1070
蓝	480	0.1390	红	660	0.0610
蓝	490	0.2080	红	670	0.0320
绿	500	0.3230	红	680	0.0170
绿	510	0.5030	红	690	0.0082
绿	520	0.7100	红	700	0.0041
绿	530	0.8620	红	710	0.0021
黄	540	0.9540	红	720	0.00105
黄	550	0.9950	红	730	0.00052
黄	555	1.0000	红	740	0.00025
黄	560	0.9950	红	750	0.00012
黄	570	0.9520	红	760	0.00006

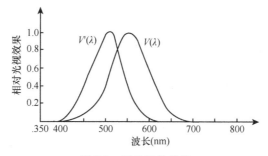

图 7-3　视见函数曲线

CIE 相对光谱光视效率曲线 $V(\lambda')$（明视觉）和 $V'(\lambda)$（暗）视觉

有了视见函数就能比较两个不同波长的辐射体对人眼产生视觉的强弱。例如，人眼同时观察距离相同且在观察方向上辐射强度相等的两个辐射体 A 和 B，A 的波长为 600nm，B 为 500nm。由明视觉视见函数国际标准（表 7-1）或图 7-3 可得，$V(600)=0.631$，

$V(500) = 0.323$，即辐射体 A 对人眼产生的视觉强度大约为 B 的 2 倍。反之，若使两者对人眼产生相同的视觉强度，则 A 的辐射强度应该是 B 的一半。

7.1.5 光通量

光通量即为能引起人眼光刺激(即视觉反应)的那一部分辐射通量。由于人眼的光刺激强弱不仅取决于辐射通量的绝对值，还取决于人眼的视见函数值，因此，光通量等于辐射通量 $\mathrm{d}\Phi_e$ 与视见函数 $V(\lambda)$ 的乘积，用 $\mathrm{d}\Phi$ 表示，有

$$\mathrm{d}\Phi = C \cdot V(\lambda) \cdot \mathrm{d}\Phi_e \tag{7-4}$$

式中 $\mathrm{d}\Phi$ 是按人眼视觉强度来度量的辐射通量，称为"光通量"(luminous flux)，它表征可见光对人眼的视觉刺激程度，其单位为流明(lm)。公式右边的常数 C 为单位换算常数，由 $\mathrm{d}\Phi$ 和 $\mathrm{d}\Phi_e$ 所采用的单位决定，下面将计算出 C 值。

7.1.6 发光强度

设一点光源向四周辐射光能，如果在某一方向上的微小立体角 $\mathrm{d}\Omega$ 内，辐射的光通量为 $\mathrm{d}\Phi$，我们把 $\mathrm{d}\Phi$ 与 $\mathrm{d}\Omega$ 的比值称为"发光强度"，用 I 表示。

$$I = \frac{\mathrm{d}\Phi}{\mathrm{d}\Omega} \tag{7-5}$$

发光强度表示在指定方向上光源发光的强弱，是光度学中的一个最基本的量，它和辐射强度是相对应的，有

$$I = C \cdot V(\lambda) \cdot \frac{\mathrm{d}\Phi_e}{\mathrm{d}\Omega} = C \cdot V(\lambda) \cdot I_e \tag{7-6}$$

发光强度的单位为坎(德拉)(cd)，其定义为：如果发光体发出的电磁波频率为 540×10^{12}Hz 的单色辐射(波长 λ=555nm)，且在此方向上的辐射强度 I_e 为(1/683)W/sr；则发光体在该方向上的发光强度 I 为 1 cd(坎德拉)。坎(德拉)是光度学中最基本的单位，也是七个国际基本计量单位之一。根据坎(德拉)的定义，把

$$V(555) = 1, \qquad I_e = (1/683)\,\mathrm{W/sr}, \qquad I = 1\,\mathrm{cd}$$

代入式(7-6)得

$$C = 683\,(\mathrm{cd \cdot sr})/\mathrm{W}$$

把 C 代回式(7-6)得

$$I = 683\,V(\lambda)\,I_e \tag{7-7}$$

以上公式中，辐射强度 I_e 以 W/sr 为单位，发光强度 I 以 cd 为单位。

由式(7-5)可得

$$\mathrm{d}\Phi = I\,\mathrm{d}\Omega \tag{7-8}$$

式(7-8)中，如果发光体在某方向上的发光强度为 1cd，则该发光体辐射在单位立体角内的光通量为 1 lm，即

$$1\,\mathrm{lm} = 1\,\mathrm{cd \cdot sr}$$

因此，可以把 C 表示为

$$C = 683\,(\mathrm{lm/W})$$

上式说明，对于波长为 555nm 的单色光辐射，1W 的辐射通量等于 683lm 的光通量；或者

说，1 lm 的光通量等于 $(1/683)$ W 的辐射通量。

可以利用光学系统大大地提高光源在某一方向上的发光强度。在探照灯中，照明方向上的发光强度可以达到上亿个坎(德拉)。

7.1.7　光照度

当光源发出的光通量投射到某一表面时，该表面被照明的亮暗程度用光照度 E 来度量。光照度定义为单位面积上所接受的光通量大小。设在某一被照明表面 A 点周围取微小面积元 dS，它接收了 $d\Phi$ 光通量，则 $d\Phi$ 与 dS 之比称作 A 点处的"光照度"，用下式表示

$$E = \frac{d\Phi}{dS} \tag{7-9}$$

在均匀照明情况下，式(7-9)表示为

$$E = \frac{\Phi}{S} \tag{7-10}$$

光照度 E 表示被照明的表面单位面积上所接收的光通量。它的单位是勒克斯(lx)。1 lx 等于 $1m^2$ 面积上发出或接收 1 lm 的光通量。即 $1\ lx = 1\ lm/m^2$。

在各种工作场合，需要有适当的光照度才有利于工作的进行。表 7-2 列出了一些典型情况下希望达到或所能达到的光照度值。

表 7-2　一些典型情况下的光照度值(lx)

场合	光照度	场合	光照度
观看仪器示值	30～50	太阳直照时的地面照度	10 万
一般阅读及书写	50～75	判别方向所必需的照度	1.0
精细工作(如修表等)	100～200	满月在天顶时的地面照度	0.2
国标对数视力表的照度	200～300	无月夜地面的照度	3×10^{-4}
明朗夏日采光良好的室内	100～500	眼睛能感受的最低照度	1×10^{-9}

7.1.8　光亮度

当光源是点光源时，用发光强度的概念可以说明它的辐射特性。但实际的光源是有限面积的光源，而且其辐射特性在不同方向也不相同。光亮度则能表示发光表面不同位置和不同方向的发光特性。下面介绍光亮度的意义。

假定在发光面上 A 点周围取一个微小面积元 dS，如图 7-4 所示。某一方向 AO 的发光强度为 I，且 dS 在垂直于 AO 方向上的投影面积为 dS_n，则光亮度用下式表示

$$L = \frac{I}{dS_n} = \frac{I}{dS \cdot \cos\alpha} \tag{7-11}$$

L 代表发光面上 A 点处在 AO 方向上的发光特性，它等于发光表面上某点周围的微面元在给定方向上的发光强度除以该微面元在垂直于给定方向的投影面积。

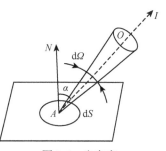

图 7-4　光亮度

光亮度的单位为尼特(nt)。假定 $I=1\mathrm{cd}$，$\mathrm{d}S_n=1\mathrm{m}^2$，则光亮度 L 为 $1(\mathrm{cd/m}^2)$。因此，1 尼特(nt)定义为

$$1\text{ 尼特} = \text{坎德拉}/\text{米}^2，\quad 即 \quad 1\text{ nt} = 1\text{ cd}/\mathrm{m}^2$$

光亮度还有一个更大的单位叫熙提(sb)，定义为

$$1\text{ 熙提} = \text{坎德拉}/\text{厘米}^2，\quad 即 \quad 1\text{ sb} = 1\text{ cd}/\mathrm{cm}^2 = 10^4\text{ nt}$$

一些实际光源的光亮度近似值见表 7-3 中。

表 7-3　一些实际光源的光亮度值(sb)

光源名称	光亮度	光源名称	光亮度
在地球上看到的太阳	1.5×10^5	在地球上看到的满月表面	0.25
普通电弧	1.5×10^4	无月的夜空	1.0×10^{-8}
钨丝白炽灯灯丝	$(5\sim15)\times10^2$	人工照明下书写阅读时的纸面	10×10^{-3}
太阳照射下漫射的白色表面	3	白天的晴朗天空	0.5

7.1.9　光照度公式

假定点光源 A 照明一个微小的平面 $\mathrm{d}S$，如图 7-5 所示。$\mathrm{d}S$ 离开光源的距离为 l，其表面法线方向 ON 和照明方向成夹角 α，假定光源在 AO 方向上的发光强度为 I，则光源射入微小面积元 $\mathrm{d}S$ 内的光通量为

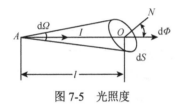

图 7-5　光照度

$$\mathrm{d}\Phi = I\mathrm{d}\Omega \qquad\qquad (\mathrm{a})$$

由图得到

$$\mathrm{d}\Omega = \frac{\mathrm{d}S\cos\alpha}{l^2} \qquad\qquad (\mathrm{b})$$

将(b)代入式(a)，得

$$\mathrm{d}\Phi = I\frac{\mathrm{d}S\cos\alpha}{l^2}$$

根据光照度公式(7-9)，则有

$$E = \frac{\mathrm{d}\Phi}{\mathrm{d}S} = \frac{I\cos\alpha}{l^2} \qquad\qquad (7\text{-}12)$$

式(7-12)就是实际应用的光照度公式。从公式(7-12)看出，被照明物体表面的光照度和光源在照明方向上的发光强度 I 及被照明表面的倾斜角 α 的余弦成正比，而与距离的平方成反比。以上由点光源导出的公式，对于光源大小与距离 l 比较起来不大的情况，同样可以应用。在应用以上公式时，I 以坎为单位，l 以米为单位，E 的单位为勒克斯。

上述的光照度公式常用来测量光源的发光强度。如图 7-6 所示，假定 A_1 为一个已知发光强度为 I_1 的标准光源，A_2 是一个待测光源，设它的发光强度为 I_2，用它们来照明两个同样的表面，改变两光源到照射表面的距离 l_1 和 l_2，当我们看到两表面的光照度相等时，以下关系显然成立

$$\frac{I_1\cos\alpha}{l_1^2} = \frac{I_2\cos\alpha}{l_2^2}$$

或写成

$$\frac{I_1}{I_2} = \frac{l_1^2}{l_2^2}$$

根据已知的 I_1，并测出 l_1 和 l_2，代入上式即可求得待测光源的发光强度 I_2。

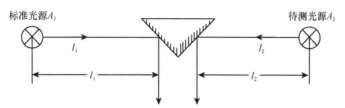

图 7-6　测量光源发光强度示意图

7.1.10　发光强度余弦定律

大多数均匀发光的物体，不论其表面形状如何，在各个方向上的光亮度都近似一致。例如，太阳虽然是一个圆球，但我们看到在整个表面上中心和边缘都一样亮，和看到一个均匀发光的圆形平面相同，这说明太阳表面各方向的光亮度是一样的。下面讨论当发光体在各方向的光亮度相同时，不同方向上的发光强度变化规律。

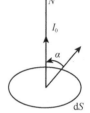

图 7-7　I 和 I_0 方向与 $\mathrm{d}S$ 法线示意图

假定发光微面元 $\mathrm{d}S$ 在与该微面元垂直方向上的发光强度为 I_0，如图 7-7 所示。设发光体在各方向上的光亮度一致，根据光亮度公式 (7-11) 有

$$L = \frac{I_0}{\mathrm{d}S} = \frac{I}{\mathrm{d}S \cdot \cos\alpha}$$

由上式得

$$I = I_0 \cdot \cos\alpha \qquad\qquad (7\text{-}13)$$

上式就是发光强度余弦定律，又称"朗伯定律"。该定律可用图 7-8 表示。符合余弦定律的发光体称为"余弦辐射体"或"朗伯辐射体"。

下面根据发光强度的余弦定律，求发光微面发出的光通量。

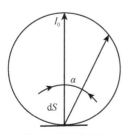

图 7-8　朗伯定律

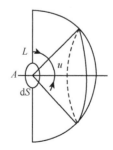

图 7-9　发光微面发出的光通量

假定发光面的光亮度为 L，面积为 $\mathrm{d}S$，如图 7-9 所示。求它在半顶角为 u 的圆锥内所辐射的总光通量。

对式(7-8)进行积分，得

$$\varPhi = \int_0^\Omega I \mathrm{d}\Omega \qquad\qquad (c)$$

根据发光强度的余弦定律有

$$I = I_0 \cdot \cos\alpha \qquad\qquad (d)$$

以 A 为球心，以 r 为半径作球面，在球面上取一个 dα 的环带，它所对应的立体角 dΩ，根据立体角的定义得

$$\mathrm{d}\Omega = -2\pi \mathrm{d}\cos\alpha \qquad\qquad (e)$$

将式(d)和(e)一并代入式(c)，则有

$$\varPhi = -\pi \int_0^u I_0 2\cos\alpha \mathrm{d}\cos\alpha = -\pi \int_0^u I_0 \mathrm{d}\cos^2\alpha$$

由此得到

$$\varPhi = \pi I_0 (1 - \cos^2 u) = \pi \cdot L \cdot \mathrm{d}S \cdot \sin^2 u \qquad\qquad (7\text{-}14)$$

如果发光面为单面发光，则发光物体发出的总光通量 Φ，相当于以上公式中 u=90°，则得

$$\varPhi = \pi L \cdot \mathrm{d}S \qquad\qquad (7\text{-}15)$$

如发光面为两面发光，则

$$\varPhi = 2\pi L \cdot \mathrm{d}S \qquad\qquad (7\text{-}16)$$

§7.2 光传播中的光度学量变化

上一节介绍了光度学的基本知识，现在我们讨论光线在光学系统中传播的光能问题。主要研究光束在传播中光束光亮度变化的规律，分别对光束在均匀透明介质中传播和在两介质分界面上的折射和反射等三种情况加以研究。

7.2.1 均匀透明介质情形

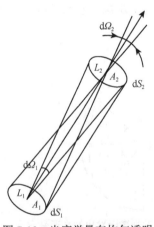

图 7-10 光度学量在均匀透明
介质中传播的情形

假定 A_1A_2 直线为均匀透明介质中的一条光线，如图 7-10 所示。我们讨论该光线上的任意两点 A_1 和 A_2 在光线进行方向上的光亮度 L_1 和 L_2 之间的关系。在 A_1 和 A_2 两点垂直于光线的方向上分别取两个微面元 $\mathrm{d}S_1$ 和 $\mathrm{d}S_2$。$\mathrm{d}S_1$ 输入到 $\mathrm{d}S_2$ 内的光通量为 $\mathrm{d}\varPhi_1$。

根据公式(7-11)，且 α=0°，有

$$\mathrm{d}\varPhi_1 = L_1 \cdot \mathrm{d}S_1 \cdot \mathrm{d}\Omega_1 = L_1 \mathrm{d}S_1 \frac{\mathrm{d}S_2}{l^2}$$

式中 l 为 $\mathrm{d}S_1$ 和 $\mathrm{d}S_2$ 的距离。

同理得到从 $\mathrm{d}S_2$ 射出的光通量 $\mathrm{d}\varPhi_2$ 为

$$\mathrm{d}\varPhi_2 = L_2 \cdot \mathrm{d}S_2 \cdot \mathrm{d}\Omega_2 = L_2 \mathrm{d}S_2 \frac{\mathrm{d}S_1}{l^2}$$

假定不考虑光能损失，则从 $\mathrm{d}S_1$ 输入到 $\mathrm{d}S_2$ 所射出的光通量应该等于 $\mathrm{d}S_2$ 所射出的光通量，即

$$\mathrm{d}\Phi_1 = \mathrm{d}\Phi_2$$

由此得到

$$L_1 = L_2 \tag{7-17}$$

根据以上讨论可以得到如下结论：在均匀透明介质中，如果不考虑光能损失，则位于同一条光线上的各点，在光线进行的方向上光亮度不变。

7.2.2　折射情形

假定 AO 光线通过两介质的分界面 P 折射后进入第二种介质，如图 7-11 所示。以 O 点为球心，以 r 为半径作一球面，在球面上取一微面 $ABCD$，所对应的立体角为 $\mathrm{d}\Omega_1$，由图得到

$$\mathrm{d}\Omega_1 = \frac{\mathrm{d}S_1}{r^2} = \frac{r\sin i_1 \mathrm{d}\varphi r \mathrm{d}i_1}{r^2} = \sin i_1 \mathrm{d}i_1 \mathrm{d}\varphi$$

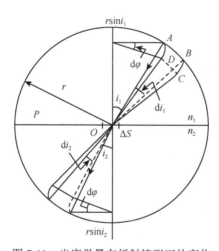

图 7-11　光度学量在折射情形下的变化

假定入射光束的光亮度为 L_1，在介质分界面上 O 点附近取一微面 ΔS，设 ΔS 位于折射率为 n_1 的第一种介质内，则通过 ΔS 输出的光通量根据公式(7-11)有

$$\mathrm{d}\Phi_1 = L_1 \Delta S \cos i_1 \mathrm{d}\Omega_1 = L_1 \Delta S \cos i_1 \sin i_1 \mathrm{d}i_1 \mathrm{d}\varphi$$

也可以把 ΔS 看作位于折射率为 n_2 的介质内，并设它的光亮度为 L_2。假定 $\mathrm{d}\Omega_1$ 经过折射以后对应的立体角为 $\mathrm{d}\Omega_2$，同理可以找到与 $\mathrm{d}\Omega_1$ 相似的计算式

$$\mathrm{d}\Omega_2 = \sin i_2 \mathrm{d}i_2 \mathrm{d}\varphi$$

由 ΔS 输出的光通量为

$$\mathrm{d}\Phi_2 = L_2 \Delta S \cos i_2 \mathrm{d}\Omega_2 = L_2 \Delta S \cos i_2 \sin i_2 \mathrm{d}i_2 \mathrm{d}\varphi$$

无论把 ΔS 看作位在 n_1 介质内还是位在 n_2 介质内，它所输出的光通量应该相同，即 $\mathrm{d}\Phi_1 = \mathrm{d}\Phi_2$。因此，可得

$$L_1 \Delta S \cos i_1 \sin i_1 \mathrm{d}i_1 \mathrm{d}\varphi = L_2 \Delta S \cos i_2 \sin i_2 \mathrm{d}i_2 \mathrm{d}\varphi$$

上式可改写为

$$\frac{L_2}{L_1} = \frac{\cos i_1 \sin i_1 \mathrm{d}i_1}{\cos i_2 \sin i_2 \mathrm{d}i_2} \tag{f}$$

根据折射定律：

$$n_1 \sin i_1 = n_2 \sin i_2 \tag{g}$$

有

$$\frac{\sin i_1}{\sin i_2} = \frac{n_2}{n_1} \tag{h}$$

微分式(g)，得

$$n_1 \cos i_1 \, di_1 = n_2 \cos i_2 \, di_2$$

上式可改写为

$$\frac{n_2}{n_1} = \frac{\cos i_1 di_1}{\cos i_2 di_2} \tag{j}$$

将式(h)、(j)代入式(f)，得

$$\frac{L_2}{L_1} = \frac{n_2^2}{n_1^2}$$

上式可改写为

$$\frac{L_2}{n_2^2} = \frac{L_1}{n_1^2} \tag{7-18}$$

当光线处在同一种介质中，即 $n_1 = n_2$ 时，$L_2 = L_1$。这就是前面曾得到的结论，即(7-17)式。

7.2.3　反射情形

反射可以看成是 $n_2 = -n_1$ 的折射，代入公式(7-18)，得

$$L_2 = L_1$$

由此可以看到，光束在均匀介质中传播，或在两种介质的分界面上反射时，光亮度变化都可看成是折射时的特例。因此，可以写出以下普遍关系式

$$\frac{L_1}{n_1^2} = \frac{L_2}{n_2^2} = \cdots\cdots = \frac{L_k}{n_k^2} = L_0 \tag{7-19}$$

不论光束经过任意次折射、反射，或者在均匀介质中传播，上式永远成立。我们称式中的 L_0 为"折合光亮度"。当光束位于空气中时，即 $n = 1$，折合光亮度和实际光亮度相等。

以上关系可以表达如下：如果不考虑光束在传播中的光能损失，则位于同一条光线上的所有各点，在该光线传播方向上的折合光亮度不变。

在理想成像时，由于物点 A 发出的光线均通过像点 A'，因此物和像的光亮度 L 和 L' 之间的关系可由式(7-19)得

$$L' = L\left(\frac{n'}{n}\right)^2 \tag{7-20}$$

如图 7-12 所示，n 和 n' 分别为物、像空间介质的折射率，当物、像空间折射率相同时，则

$$L' = L$$

在实际光学系统中，必须考虑光能损失，则公式(7-20)表示为

$$L' = \tau L\left(\frac{n'}{n}\right)^2 \tag{7-21}$$

式中 τ 称为光学系统的透过率。显然 τ 永远小于 1，因此，当光学系统物像空间介质相同时，像的光亮度永远小于物的光亮度。

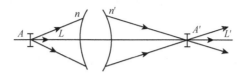

图 7-12 物与像光亮度之间的关系

§7.3 成像系统像面的光照度

对于许多实际应用的光学系统来说，往往需要知道像平面的光照度。例如照相机，当曝光量相同时，底片上的感光度就取决于底片上像的光照度。

7.3.1 轴上点的光照度公式

假定物平面上轴上物点 A 的光亮度为 L，且各方向上光亮度相同，相应的像平面上 A' 点的光亮度为 L'，如图 7-13 所示，像平面上光轴周围微小面积元 $\mathrm{d}S'$ 所输出的光通量，根据公式(7-14)有

$$\Phi' = \pi L' \cdot \mathrm{d}S' \cdot \sin^2 u'_{\max}$$

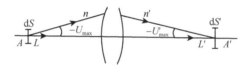

图 7-13 轴上点的光照度公式

由此得到光轴周围像平面的光照度公式如下：

$$E'_0 = \frac{\Phi'}{\mathrm{d}S'} = \pi L' \cdot \sin^2 u'_{\max} \tag{7-22}$$

将物像之间光亮度关系公式(7-21)代入上式，则有

$$E'_0 = \tau \pi L \cdot \left(\frac{n'}{n}\right)^2 \sin^2 u'_{\max} \tag{7-23}$$

若物空间和像空间折射率相等，即 $n'=n$，则由上式可得

$$E'_0 = \tau \pi L \sin^2 u'_{\max} \tag{7-24}$$

以上公式中，L 以尼特(nt)(坎德拉 / 米^2)为单位，E'_0 以勒克斯(lx)为单位。

7.3.2 轴外像点的光照度公式

上面得出了轴上像点的光照度公式，如果知道了轴上点和轴外点的光照度之间的关系，就可以求得轴外点

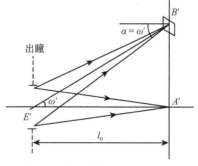

图 7-14 轴外像点的光照度公式

的光照度。假定物平面的光亮度是均匀的，并且轴上点和轴外点对应的光束截面积相等，即不存在斜光束渐晕，如图 7-14 所示。

由图 7-14 可以看到，像平面上每一点对应的光束都充满了整个出瞳，光学系统的出瞳好像是一个发光面，照亮了像平面上的每一点。出瞳射向像平面上不同像点的光束，是由物平面上不同的对应点发出的。如果物平面的光亮度是均匀的，则出瞳射向不同方向的光束光亮度也是相同的。假定出瞳的直径和出瞳离开像平面的距离比较起来不大，即光束孔径角较小，则可以近似应用光照度公式(7-12)表示像平面光照度

$$E' = \frac{I \cos \alpha}{l^2}$$

式中 α 即为像方视场角 ω'。

由图 7-14 可知，像平面上轴外点的光照度一定小于轴上点的光照度，因为：

第一，由于轴外光束倾斜以后，出瞳在光束垂直方向上的投影面积减小。根据公式(7-13)有

$$I = I_0 \cos\omega'$$

因此轴外点的发光强度比轴上点的发光强度 I_0 小。

第二，照明距离比轴上点的照明距离增加，其关系为

$$l = \frac{l_0}{\cos\omega'}$$

将以上关系代入光照度公式(7-13)，则得到

$$E' = \frac{I_0 \cos\omega' \cos\omega'}{\left(\dfrac{l_0}{\cos\omega'}\right)^2} = \frac{I_0}{l_0^2}\cos^4\omega'$$

根据公式(7-13)，当 $\alpha = 0°$时，$E = \dfrac{I}{l^2}$，显然，轴上点光照度 $E_0' = \dfrac{I_0}{l_0^2}$。由此得到

$$\frac{E'}{E_0'} = \cos^4\omega' \tag{7-25}$$

上式说明：在没有斜光束渐晕时，随着像方视场角 ω'的增加，像平面光照度按 $\cos\omega'$ 的四次方降低。表 7-4 是不同 ω'对应的 E'/E_0'值。

表 7-4 不同视场角 ω对应的 E'/E_0' 值

ω'	0°	10°	20°	30°	40°	50°	60°	70°	80°	90°
E'/E_0'	1.000	0.941	0.780	0.563	0.344	0.171	0.063	0.014	0.001	0.000

由表中看到，当像方视场角 ω达到 60°时，边缘光照度不到视场中央的百分之十。这是设计 100°~120°特广角照相物镜时所遇到的主要困难之一。

在实际光学系统中，往往存在斜光束渐晕现象。假定斜光束的通光面积和轴向光束的通光面积之比为 K，则

$$\frac{E'}{E_0'} = K\cos^4\omega' \tag{7-26}$$

在一般系统中，K 均小于 1。因此像平面边缘光照度下降得更快。

§7.4　颜色的概念和分类

由于人眼能对可见光波长范围的辐射作出选择性反应，从而产生色觉。色觉是人眼视觉功能的一个重要组成部分，它涉及光学、光化学、视觉生理、视觉心理等方面的问题。色度学就是一门以光学、视觉生理、视觉心理、心理物理等学科为基础的综合性学科，它把主观的颜色感知和客观的物理刺激联系起来，研究颜色的感觉、计算、测量、判别，和颜色再现理论及其技术。现代色度学已初步解决了对颜色作定量描述和测量的问题。自1931 年 CIE 色度学系统建立至今，色度学已取得了巨大的成绩，它的理论指导着彩色影视、彩色印染、交通、通讯、照明技术等行业部门的工作，各种各样的测色仪器都在产品检验和生产质量控制中得到了广泛的应用。本节和下一节将对色度学中的一些基本知识作一简单介绍。

7.4.1　颜色现象

我们生活在一个明暗交织、五彩缤纷的世界里，在认识周围世界时，颜色给我们提供了更加丰富多彩的信息，而且又获得了美的感受。那么，什么是颜色呢？颜色是可见光的一种特性，是可见光作用于人眼所产生的一种心理感受。颜色既来源于外部世界的物理刺激，又不完全符合外界物理刺激的性质，它是人类对外界刺激的一种独特反映形式。颜色现象是客观物理刺激与人的视神经系统相互作用的结果，是涉及物理、生理和心理的复杂现象。下面，我们主要从心理物理的角度来讨论。

1. 颜色现象的心理物理基础

通常情况下，我们之所以能看到物体的形状和颜色，是因为有太阳辐射的可见光照射它们，而太阳辐射的白光又是由各种波长的色光组成。一束鲜花，在阳光下显得多么艳丽，而在漆黑的夜晚，即使你有很好的视力，也难于分辨它的轮廓，更谈不上感受它的色彩了。物体的各种颜色，必须在可见光的照射下才能显示出来，这是因为物体呈现的颜色，实际上取决于物体表面对光线中各种波长色光的吸收和反射性能。红色的花朵之所以呈现红色，是由于它反射出红光，而吸收了其他色光。由此看来，只有当物体使人眼有光感时，才能使人眼有颜色感觉，有光才有色，无光便无色。因此，可见光的存在是产生颜色不可缺少的条件，不同波长的可见光是颜色现象的物理基础。

可见光作用于人眼，再经过视觉系统的信息加工而产生颜色感觉。颜色感觉是人眼的一个重要生理机能，有色觉缺陷的人便不能有正常的颜色感受，所以人眼的颜色感觉是颜色现象的生理基础。人眼对不同波长的可见光能做出选择性反映，从而产生颜色的感觉。通常把光所引起的颜色感觉称为光的颜色，单一波长的颜色称为光谱色。

Young-Helmholtz 在 1891 年提出了"三色假说"，认为人眼中存在三种具有不同响应的椎体感受器。当光线同时作用于这三种感受器时，三者产生的刺激不同，不同刺激的组合形成不同的颜色感觉。"三色假说"后来得到了现代技术发展的证明，人类视网膜中确实含有三种不同的光敏感性视色素，它们对光谱不同部位的敏感性不同，这为后来用三刺激值来对不同颜色进行数字化描述奠定了基础。

2. 光源色与物体色

被观察物体发出的辐射刺激人眼而产生的颜色感觉，称为物体的颜色。如果物体是自发光的(如各种光源)，其颜色和所辐射的各种光谱成分有关，这类物体的颜色称为光源色。对于自身不发光的物体，外来辐射被物体调制(吸收、透射、反射等)后，所产生的颜色感觉，称为物体色。

光源的光谱辐射特性决定了光源色的特性，照明光源的光谱特性、被照物的吸收和反射特性决定了物体色的特性。

7.4.2 颜色的概念

颜色与光波长密切相关，颜色视觉正常的人在光亮条件下能看到的各种颜色从长波一端向短波一端的顺序是：红色、橙色、黄色、绿色、青色、蓝色和紫色。表7-5是各种颜色与波长的对应关系。

表 7-5 各种颜色与波长的对应关系

颜色	红	橙	黄	绿	青	蓝	紫
波长范围 (nm)	760~630	630~600	600~570	570~500	500~450	450~430	430~390

由于颜色是随波长连续变化的，上述各种颜色的分界线带有人为约定的性质。

颜色和波长的关系并不是完全固定的，光谱上除了三点，即 572nm(黄)、503nm(绿)和 478nm(蓝)是不变的颜色外，其他颜色在光强增加时都略向红色或蓝色变化。颜色随光强度而变化的现象叫做贝楚德-朴尔克效应。

人眼的波长分辨力，在光谱中部较高，尤其是在蓝绿色 490nm 和黄色 590nm 左右分辨力最强，590nm 附近约为 1nm，见图 7-15。人眼的波长分辨力随光强而改变，当视网膜照度增到 3000 楚兰德时，580nm 处分辨力可达 0.4nm。波长分辨力随视场的增大而升高，10°视场的波长分辨力比 2°视场高三倍。2°视场时整个可见光谱上人眼能分辨出约 150 种颜色，而在 10°视场时可以分辨出 400 至 500 种颜色。

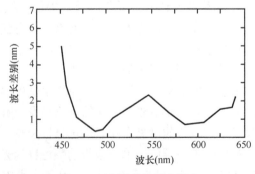

图 7-15 人眼的波长分辨力

7.4.3 颜色的分类和特性

颜色可分为彩色和非彩色两类。

1. 非彩色及其特性

非彩色指白色、黑色和各种深浅不同的灰色组成的系列，称为白黑系列。

当物体表面对可见光谱所有波长反射比都在 80%～90%以上时，该物体为白色；其反射比均在 4%以下时，该物体为黑色；介于白、黑两者之间的是各种不同程度的灰色。纯白色的反射比应为 100%，纯黑色的反射比应为 0。在现实生活中没有纯白、纯黑的物体。而只能是接近纯白(如氧化镁)。或接近于纯黑(如黑绒)。对发光物体来说，白黑的变化相当于白光的亮度变化，亮度高时人眼感到是白色，亮度很低时感到是灰色，无光时是黑色。非彩色只有明亮度的差异。

非彩色对光谱各波长的反射或透射没有选择性，所以它们是中性色。

2. 彩色及其特性

彩色是指黑白系列以外的各种颜色。

彩色有三种特性：明度、色调、彩度(又称饱和度)。

明度：指人眼对所观察物体的明暗程度感觉。发光物体的亮度愈高，则明度也愈高，也就是人眼感觉愈明亮。非发光物体的反射率愈高，它的明度也愈高。

色调：指彩色彼此相互区分的特性。可见光谱中不同波长的单色光具有不同的色调，如红、橙、黄、绿、青、蓝、紫等。发光物体的色调决定于它的光辐射的光谱组成。非发光物体的色调决定于照明光源的光谱组成和物体本身的光谱反射(透射)的特性，常以其光谱分布的主波长来加以区分。

彩度(饱和度)：是指彩色的纯洁性。可见光谱中的各种单色光是最纯(最饱和)的彩色。物体颜色的彩度决定于该物体的反射(或透射)光谱辐射的选择性程度。如果某物体对光谱中某一较窄波段的反射率很高。而对其他波长的反射很低或无反射，则表明它有很高的光谱选择性，这一物体颜色的彩度就高。

色调和彩度又合称为色品；是彩色的色度特征。

用一个三维空间纺锤体可以将颜色的三个基本特性表示出来，见图 7-16。立体的垂直轴代表明度的变化；圆周上的各点代表光谱上各种不同的色调(红、橙、黄、绿、蓝、紫等)；从圆周向圆心过渡表示饱和度逐渐降低。

颜色的这三种基本特性——明度、色调、饱和度(彩度)可以用一个三维空间的纺锤体来表示，称为颜色立体，如图 7-16 所示。在颜色立体中，垂直轴代表白灰黑系列的明度变化，顶端为白色，底端为黑色，中间是各种灰色的过渡。圆周上的各点代表光谱上各种不同的色调(红、橙、黄、绿、蓝、紫等)；从圆周向圆心过渡表示颜色的彩度逐渐降低，同时，从圆周沿锥面向上或向下过渡也表示彩度的降低。同一圆平面内各点的明度相同。要指出的是，该颜色立体只是一个理想化了的示意模型。在真实的颜色关系中，则用盂塞尔颜色系统来更精确地表示。

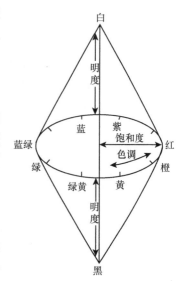

图 7-16　颜色立体

§7.5 颜色混合和匹配

7.5.1 颜色混合与匹配实验

我们先来看一个实验,图 7-17 是一个颜色混合与匹配实验的示意图。用不同的颜色光(红、绿、蓝)照射在白色屏幕的同一位置上,光线经过屏幕的反射而达到混合,混合后的光线作用在视网膜上便产生一个新的颜色。其中红、绿、蓝三种颜色称为三原色。适当调节三原色灯光的强度比例,便能产生一个看起来与另一侧的颜色相同的混合色。利用三原色相混合而配出各种颜色的方法叫做颜色匹配。这个实验表明:不同的颜色光可以混合,并且利用颜色光相加可以实现颜色匹配。

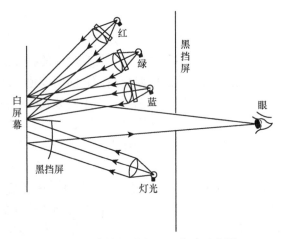

图 7-17 颜色混合与匹配实验示意图

颜色可以互相混合。根据其混合的方法和效果不同,可分为色光的混合和颜料的混合两种。前者称为颜色的相加混合,后者称为颜色的相减混合。这两种混合方法所得到的结果不同。

在光的混合中,将几种颜色光同时或快速先后刺激人眼,便产生不同于原来颜色的新的颜色感觉,这就是颜色的相加混合。这种由几种色光相混在一起而得到一种新的色光的视觉效果,也称为加色效应。

在色光的相加混合中,光谱上各种颜色光相加混合产生白色光。这是因为色光的混合是光能量的增加,混合的色光越多,就越明亮而接近于白。

大量实验证明,选用红、绿、蓝三种色光作为混合的最基本颜色效果最好,而且这三种颜色相互独立,其中红光和蓝光分处光谱的两端,绿光正好处于光谱的中间,它们之间不能用其中的两种相混配出另一种,但是用这三种颜色按不同比例却能混合配出大多数颜色。因此,红、绿、蓝这三种颜色称为相加三基色(或称三原色)。

国际照明委员会(CIE)规定的标准配色实验用的比色计装置,就是利用颜色光的相加混合方法实现的。

7.5.2　格拉斯曼颜色混合定律

1854年，格拉斯曼(H. Grassmann)将颜色混合现象总结成颜色混合定律：

(1)人的视觉只能分辨颜色的三种变化：明度、色调、饱和度。

(2)在由两个成分组成的混合色中，如果一个成分连续地变化，混合色的外貌也连续地变化。由这一定律导出两个定律：

1)**补色律**(law of complementary colors)：每一种颜色都有一个相应的补色。如果某一颜色与其补色以适当比例混合，便产生白色或灰色；如果二者按其他比例混合，便产生近似比重大的颜色成分的非饱和色。

2)**中间色律**：任何两个非补色相混合，便产生中间色，其色调决定于两颜色的相对数量，其饱和度决定于二者在色调顺序上的远近。

(3)颜色外貌相同的光，不管它们的光谱组成是否一样，在颜色混合中具有相同的效果。换言之，凡是在视觉上相同的颜色都是等效的。由这一定律导出颜色的代替律。

代替律：相似色混合后仍相似。

两个相同的颜色各自与另外两个相同的颜色相加混合后，颜色仍相同。如果颜色 $A=$ 颜色 B；颜色 $C=$ 颜色 D，那么

$$颜色A+颜色C=颜色B+颜色D$$

两个相同的颜色，每个相应地减去相同的颜色，余下的颜色仍相同。如果颜色 $A=$ 颜色 B；颜色 $C=$ 颜色 D，那么

$$颜色A-颜色C = 颜色B-颜色D$$

代替律表明，只要在感觉上颜色是相似的，便可以互相代替，所得的视觉效果是同样的。因而可以利用颜色混合的方法来产生或代替所需要的颜色。例如，设 $A+B=C$，如果没有 B，而 $X+Y=B$，那么 $A+(X+Y)=C$。这个由代替而产生的混合色与原来的混合色在视觉上具有相同的效果。

根据代替律，可以利用颜色混合方法来产生或代替各种所需要的颜色。颜色混合的代替律是一条非常重要的定律，现代色度学就是建立在这一定律基础上的。

(4)混合色的总亮度等于组成混合色的各颜色光亮度的总和。这一定律叫做**亮度相加律**(law of additive brightness)。

格拉斯曼定律是色度学的一般规律，适用于各种颜色光的相加混合，但不适用于染料或涂料的减光混合。

7.5.3　颜色匹配方程

表示颜色匹配的等式叫颜色方程。若以 (C) 代表被匹配颜色的单位，(R)，(G)，(B) 代表产生混合色的红、绿、蓝三原色的单位。R，G，B，C 分别代表红、绿、蓝和被匹配色的数量。当实验达到两半视场匹配时，此结果可用下列方程表示为

$$C(C) \equiv R(R) + G(G) + B(B) \tag{7-27}$$

式中"$\equiv$"号表示视觉上相等，即颜色匹配；方程中 R，G，B，C 为代数量，可为负值。

格拉斯曼定律指出两种光刺激的光谱分布不同，但是颜色外貌可以完全匹配。这种现象称为同色异谱现象，这样的两种光刺激叫做同色异谱色。

7.5.4 三刺激值

颜色匹配实验中选取三种颜色,由它们相加混合产生任意颜色,这三种颜色称为三原色。三原色可以任意选定,但三原色中任何一种原色不能由其余两种原色相加混合得到。最常用的是红、绿、蓝三原色。

在颜色匹配实验中,与待测色达到色匹配时所需要的三原色的数量称为三刺激值。也就是颜色匹配方程(7-27)式中的 R,G,B 值。一种颜色与一组 R,G,B 数值相对应,颜色感觉可以通过三刺激值来定量表示。任意两种颜色只要 R,G,B 数值相等,颜色感觉就相同。

在色度学中,三刺激值的单位(R),(G),(B)不是用物理量为单位,而是选用色度学单位,亦称三 T 单位。它的确定方法是:选一特定白光(W)作为标准,在颜色匹配实验中用选定的三原色(红、绿、蓝)相加混合与此白光(W)相匹配,如测得所需三原色光的光通量值(R)为 L_R 流明,(G) 为 L_G 流明,(B) 为 L_B 流明。则将比值 $L_R:L_G:L_B$ 定为三刺激值的相对亮度单位,即色度学单位。

习 题 七

7-1 日常生活中人们说 40W 的日光灯比 40W 的白炽灯亮,是否说明日光灯的光亮度比白炽灯泡大?这里所说的亮是指什么?

7-2 物体的光亮度就是人眼感到的明亮程度,这种说法对否?夜晚,大街上的远近不同的高压水银灯,为什么往往看起来几乎一样亮?

7-3 我们晚上看天空的星星,有的亮有的暗,是否说明亮的星星光亮度大?当我们白天看到天空的白云比蓝天亮,这里所说的亮是指什么?

7-4 一个发光强度为 50 坎德拉的点光源的光,射入瞳孔直径为 2mm 的眼睛,光源距离眼睛 500mm,求进入眼睛的光通量是多少流明?

$$[2\pi\times10^{-4}\text{lm}]$$

7-5 一只 100W 的白炽灯,已知其总光通量为 1200 流明,求其发光效率和平均发光强度?在一球面度立体角内发出的平均光通量是多少?

$$[12\text{lm/W},\ 95.5\text{cd},\ 95.54\text{lm}]$$

7-6 设有一只 60W 的白炽灯,其发光效率为 12 流明/瓦,假定把灯泡作为点光源,且各方向均匀发光,求光源的发光强度为多少?在灯下垂直 2 米处的光照度为多少?

$$[57.32\text{cd},\ 14.33\text{lx}]$$

7-7 在相距 2 米的两灯泡之间放一块毛玻璃板,两灯泡的功率分别为 40W 和 100W,问毛玻璃板位于何处时,其两边的光照度相等?

$$[r_1=\frac{2}{3}(5-\sqrt{10}),\ r_2=\frac{5(\sqrt{10}-2)}{3}]$$

7-8 阳光垂直照射地面时,照度为 $1.0\times10^5\text{lx}$。若认为太阳的亮度与光流方向无关,并忽略大气对光的吸收,且已知地球轨道半径为 $1.5\times10^8\text{km}$,太阳的直径为 $1.4\times10^6\text{km}$,求太阳的亮度。

$$[1.46\times10^9\text{nt}]$$

7-9　已知阳光下洁净雪面的光亮度为 3 熙提，假定人眼通常习惯于 0.3 熙提，问登山运动员所戴的防护眼镜的透过率应为多少？

[0.1]

7-10　光源的颜色特性主要从哪些方面进行描述和评价？通常，物体的光谱特性又如何描述？

7-11　颜色如何分类？它们有哪些特性？

7-12　颜色混合有哪几种方式？它们各有什么不同？

（李宾中）

第八章 光学系统的像差及像质评价

对光学系统成像性能的要求，主要有两方面：第一方面是光学特性，包括焦距、放大倍率、相对孔径及视场大小等；第二方面是成像质量，光学系统所成的像应该足够清晰，并且物像相似，变形小。有关第一方面的内容即满足光学特性方面的要求在前面各章中已经介绍，本章讨论第二方面的内容即光学系统成像质量的评价问题。

光学系统成像质量的评价问题是一个比较复杂的问题，它既涉及几何光学，又要应用到波动光学的理论，而且由于场合和要求不同有不同的评价方法。

本章简单地介绍了光学系统像差的成因和几何像差的类型，评价光学系统成像质量的方法，如点列图和当今常用的光学传递函数等，以及实际光学系统像质的分辨率检验和星点检验方法。

§8.1 像差基本概念

由第四章、第五章可知，理想光学系统对空间任意大的物体以任意宽的光束通过系统均能成完善像，而实际光学系统只有在近轴区，即孔径和视场接近于零的情况下才能完善成像。但是，对于实际光学系统，除了平面反射镜外，其他的就不能以一定宽度的光束对一定大小的物体成完善像，即非近轴区物体上任一点发出的光束通过光学系统后不能会聚为一点，而是形成一弥散斑，从而使像变得模糊，并且产生相对于原物的变化，这些成像缺陷就称为像差。

用近轴光路计算公式所求得的是理想像的位置和大小，而用实际光线的光路计算公式求得的为实际像的位置和大小，实际像相对于理想像的偏离，可作为像差的量度。

光学系统中单色光成像所产生的像差称为单色像差。根据单色像差性质的不同可分为球差、彗差、像散、场曲和畸变。绝大多数光学系统对白光或复色光成像，因光学材料对不同波长的色光有不同的折射率，所以不同波长光线的成像位置和大小也不相同。这种像差称为色差，分为位置色差和倍率色差两种。白光经光学系统后，不同波长的光线产生色差，而单色光又有各自的单色像差，实际上各种像差是同时存在的。可见，白光成像相当复杂，为了对像差进行分析，将像差分为五种单色像差和两种色差。

光学系统的像差计算主要是通过光线的光路计算或光线追迹来实现的。根据像差的不同定量评价需要，光学中常采用波前像差、垂轴像差和轴向像差这三种方式来描述像差。这几种方式在本质上是相同的，是对同一个物理量在不同场合下的描述。垂轴像差是实际光线与高斯像面相交的交点位置相对于参考像点位置间的偏离。轴向像差则是实际光线在光轴上的交点位置与参考像点位置沿光轴方向上度量时的偏离。这两种像差被统称为几何像差。它的优点是直观、计算方便。波前像差或波像差则是实际波前相对于理想球面波前的偏离，参考像点是球面波的球心。系统的像差越大，波像差也越大。球差随孔径增大而增大，畸变随视场的增大而增大，而彗差、像散、场曲则均与孔径和视场的大小有关。

各种像差都和光学系统的结构及物体位置和大小有关。对于一定位置和大小的物体成像时，像差只是光学系统结构参数$(r、d、n)$的函数。因此，可以通过光学设计，确定出最佳的光学系统结构各参数$(r、d、n)$，使得各种像差校正到一个容许的限度内，从而使光学系统满足我们的成像要求。

单个球面透镜的像差是客观存在的。即靠自身无法对像差进行校正。为了校正像差，就必须用多个不同类型的透镜组合，如常见的双胶合物镜，使得组合系统的像差得到补偿。由于不同用途的光学系统有不同的像差要求，因而也就有不同的光学系统结构。

随着现代生产技术的提高和人们对成像质量要求的提高，以及注重光学系统结构的简化，在校正像差时，越来越多地采用非球面结构，从而也使得在一定条件下，单个非球面透镜实现对像差的简单校正成为可能。

下面，就对这七种基本像差分别做出介绍。

8.1.1　球差

球差是轴上点唯一的单色像差，而且是轴上点以宽光束成像时产生的像差。

由于一般的光学系统入瞳多为圆形，轴上点发出的光束在通过光学系统前、后均对称于光轴，所以含轴面内光轴以上的半个光束的球差就可代表整个光束的球差。

在§4.1中，由实际光线的光路计算公式可知，物距L为定值时，像距L'是物方孔径角U(或入射高度h)的函数，即由轴上一点发出的光线，孔径角U不同，通过光学系统后就有不同的像距L'值。它们相对于由近轴光线计算的理想像距l'，就有不同的偏离。如图8-1所示，轴上物点A发出不同孔径角U的光线的像距L'与近轴光线的理想像距l'之差值，就称为球差，用符号$\delta L'$表示，即

$$\delta L'=L'-l' \tag{8-1}$$

这里，球差$\delta L'$是沿光轴方向量度的，因此，也称**轴向球差**(axial aberration)。

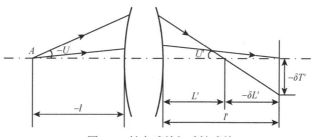

图 8-1　轴向球差与垂轴球差

由于球差的存在，使得在高斯像面上不能成一点像，而是一个弥散圆斑，该圆斑的半径用符号$\delta T'$表示，它与轴向球差的关系为

$$\delta T'=\delta L'\tan U' \tag{8-2}$$

由于$\delta T'$沿垂直于光轴方向对球差进行度量，也称之为垂轴球差。由此可见，球差越大，像方孔经角U'越大，则高斯像面上的弥散斑也越大，于是，像就变得更加模糊不清。所以，任何光学系统都必须校正好球差。

所谓校正球差，就是对光学系统最大孔径角U_m的边缘光线具有的球差进行校正，使得$\delta L'_m=0$，这样的光学系统称为消球差系统。须指出的是，大部分光学系统只能做到对某一条或一带孔径的光线校正球差，而不可能对全孔径中的所有光线都校正球差。因此，当

对边缘光线校正球差后，其他孔径的光线还会产生小量的剩余球差，其中在 $\sin U/\sin U_m$=0.707 处的带孔径光线产生最大的剩余球差。

下面以一个单透镜为例，说明球差的计算及性质。

该透镜的结构参数为：r_1=25.815 mm，r_2=−25.815 mm，d=4.0 mm，n=1.5163。

物距 L=−150 mm，孔径角正弦 $\sin U_m$=0.24。这里 U_m 表示光束的最大孔径角，（如果是平行光束，则用最大入射高度 h_m）。在列表或作图中，常用相对值 $\sin U/\sin U_m$（或 h/h_m）来表示光束中不同孔径角（或入射高度）的光线。

为了说明像距 L'、球差 $\delta L'$ 与 $\sin U$ 的关系，一般要计算五条不同孔径的实际光线和一条近轴光线，所得数据见表 8-1。按表中的球差值绘出球差曲线如图 8-2 所示。

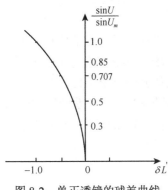

图 8-2 单正透镜的球差曲线

表 8-1 单正透镜的球差

$\sin U/\sin U_m$	L'	$\delta L'$	$\sin U/\sin U_m$	L'	$\delta L'$
1	28.5383	−1.0305	0.5	29.2155	−0.2533
0.85	28.8289	−0.7399	0.3	29.5058	−0.0630
0.707	29.0595	−0.5093	0	29.5688	0

由表 8-1 可看出，对于单透镜，$\sin U$ 愈大，球差值也愈大，这说明单透镜自身不能校正球差。此外，单正透镜的球差值均为负值。

进行同样的计算可以证明，单负透镜产生的是正球差。因此，在实际中，常把正、负透镜组合起来使用，如双胶合或双分离物镜，使球差得到校正。

8.1.2 彗差

轴上点成像时，光轴是整个光束的对称轴线，即使存在球差，出射光束仍对称于光轴。但对于轴外点成像时，如图 8-3 所示，物点 B 发出的光束不再存在对称轴线，而只存在一个对称面。这个包含物点 B 和光轴所组成的对称面，也称为**子午面**（meridian plane）。从物点 B 发出到入瞳中心的光线 BZ 为主光线。通过主光线和子午面垂直的面，称为**弧矢面**（sagittal plane）。由图可看出，由轴外物点 B 发出的斜光束在子午面和弧矢面内的分布是不一样的，所以，下面的轴外点像差都将分别按子午和弧矢两个截面加以讨论。

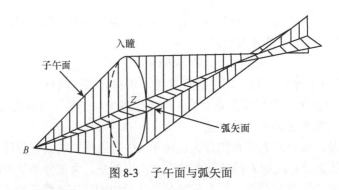

图 8-3 子午面与弧矢面

从前面的讨论中，我们已知道，轴上物点以宽光束经单折射球面或单透镜成像时，就会产生球差。同样，若是轴外物点以宽光束经这样的光学系统成像时，则将会产生另一种像差——彗差。彗差是轴外物点以宽光束成像时所产生的一种单色像差。

下面就以单个折射球面为例说明彗差的成因和度量。如图 8-4 所示，轴外点 B 发出子午光束，对辅轴 BC 来说就相当于轴上点光束，此光束可分别用通过入瞳中心和上、下边缘的三条子午光线表示，分别称中、上、下光线，用字母 z、a、b 表示。这三条光线在辅轴上相当于由轴上点发出的不同孔径角的光线，经球面折射后，由于存在球差，将交于辅轴上不同的点。于是，在折射前对称于主光线的上、下光线，经球面折射后，就失去了对主光线的对称性，即折射后光束失去对称性。子午上、下光线的交点 B'_t，到主光线，在垂直光轴方向的偏离表示了这种光束在子午面上的不对称程度，称为子午彗差，用符号 K'_T 表示，其符号规则是以主光线为原点，向上为正，向下为负。

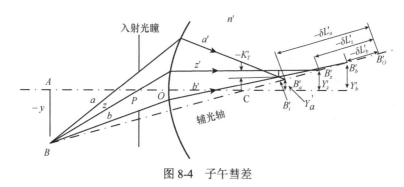

图 8-4　子午彗差

子午彗差的数值是以轴外光束的上、下光线在高斯像面上交点高度的平均值和主光线在高斯像面上的交点高度之差来表示，如图 8-4 所示，即有

$$K'_T = \frac{1}{2}(Y'_a + Y'_b) - Y'_z \tag{8-3}$$

式中，上、中、下光线与高斯像面的交点高度分别为 Y'_a、Y'_z、Y'_b，可通过实际光线光路计算求得。

对于弧矢光束的彗差，如图 8-5 所示，弧矢光束的前光线 c 和后光线 d，经球面折射后为 c′光线和 d′光线，它们相交于 B'_s 点，由于这两条光线对称于子午面，故 B'_s 点应在子

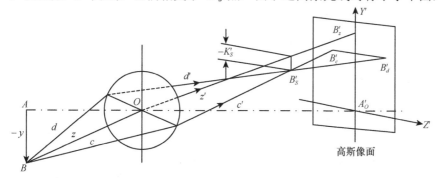

图 8-5　弧矢彗差

午面内。B'_s 点到主光线垂直于光轴方向的距离称为弧矢彗差，以符号 K'_s 表示。c' 和 d' 光线在理想像面上所交的高度相同，以符号 Y'_s 表示。于是，弧矢彗差的数值用下式表示为

$$K'_s = Y'_s - Y'_z \tag{8-4}$$

彗差是一种轴外像差，它随视场大小而变化；又由于它是宽光束像差，即对于同一视场，它还将随孔径的不同而变化。所以，彗差是一种与视场和孔径大小都有关的垂轴像差。

彗差使轴外一物点的像成为一个弥散斑，由于折射后的光束失去了对称性，因此，弥散斑不再对称于主光线，此时主光线偏离弥散斑而到了另一侧。图 8-6(b) 所示为纯彗差时的弥散斑几何图形，在主光线和理想像面的交点 B' 处聚集的能量最多，因而最亮，其他处能量逐渐散开而变暗。所以，整个弥散斑形成了一个由主光线和像面交点为顶点的锥形弥散斑，其形似彗星状，故称之为彗差。

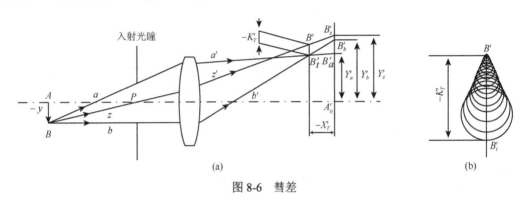

图 8-6 彗差

由于彗差的存在，使得轴外像点变成彗星状的弥散斑，严重破坏了轴外视场的成像清晰度，而且哪怕是离光轴很近的物点，彗差也总是存在。因此，实际应用的光学系统都需对彗差进行校正。

8.1.3 像散和像面弯曲

从上节讨论中我们已知道，彗差是一种表征轴外物点发出的宽光束失去对称性的像差。若把孔径光阑缩到无限小，只允许沿主光线的无限细光束通过，则彗差不再存在，但还会存在一种描述轴外点细光束的像差——即像散。

如图 8-7 所示，当轴外物点 B 发出的光束通过一个很小的入瞳投射到折射球面上时，此细斜光束对子午面而言是对称于主光线的。由于光束很细，没有球差和彗差。因此，子午光束经球面折射后必会聚于主光线上一点 B'_t，称之为子午像点。由于球差和彗差可以忽略，弧矢细光束对称于子午面，因此，它经球面折射后的交点 B'_s 也必定在主光线上。此交点 B'_s 称为弧矢像点。因为子午面和弧矢面相对折射球面的位置不同，即斜细光束与球面的接触面已非回转对称，使得子午和弧矢面在球面上的截线曲率也不同，而且刚好是一个最大，另一个最小，所以，子午像点 B'_t 和弧矢像点 B'_s 虽都会聚于主光线上，但两点并不重合在一起。当子午光束的会聚度大时，子午像点 B'_t 比弧矢像点 B'_s 更靠近光学系统；反之，则弧矢像点更靠近光学系统。与这种现象相应的像差，即子午和弧矢像点之间的位置差异，称之为**像散**(astigmatism)，以 B'_t 和 B'_s 两点之间的沿轴距离度量之，用符号表示为 x'_{ts}，如图 8-8 所示，可得

$$x'_{ts}=l'_t-l'_s \tag{8-5}$$

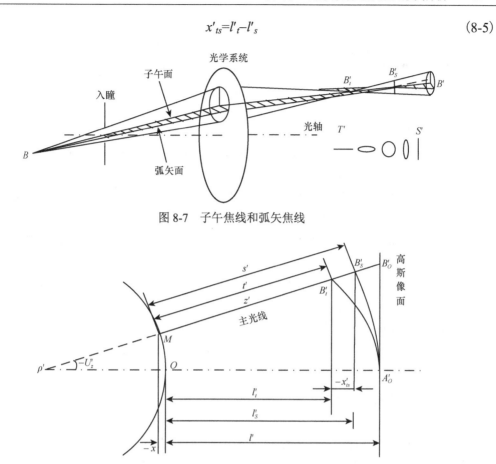

图 8-7　子午焦线和弧矢焦线

图 8-8　像散

就整个光束而言，由于它经光学系统出射后所对应的波面已不是球面波，即成为像散光束，因此，它在子午像点 B'_t 和弧矢像点 B'_s 两处分别会聚成一条短焦线，且分别称为子午焦线和**弧矢焦线**(sagittal focal line)。子午焦线垂直于子午面，而弧矢焦线则位于子午面内并与子午焦线相垂直。两焦线之间的成像情况是一系列不同的弥散斑，即从子午焦线开始，先出现长轴与子午面垂直的椭圆，至中间位置变为圆，往后再变成长轴在子午面上的椭圆，再后又再次聚焦为弧矢焦线，如图 8-7 所示。在两焦线之外，均成像为椭圆弥散斑。上图所示为子午光束具有最大会聚度的情况，此时有负像散；若反之，弧矢光束具有最大会聚度，则此时产生正像散。

如果光学系统对直线成像，那么，由于像散，其像的质量与直线的方向密切相关。图 8-9 所示为物面上三种不同方向的线段，经成像系统后的子午像和弧矢像。

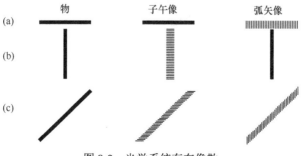

图 8-9　光学系统存在像散

图 8-9(a)中是垂直于子午面的直线，因为其上每一点均被成像系统呈一垂直子午面的短线，因此，像是一系列与直线同方向的短线叠合而成的直线，则像是清晰的。但该直线被成像系统所成的像，则是由一系列平行的短线所组成，因而，像是不清晰的。图 8-9(b)中是位于子午面上的直线，同理可知，其子午像是由一系列平行的短线构成，是不清晰的；而弧矢像仍为子午面上的一清晰直线。图 8-9(c)中是既非位于又不垂直于子午面的倾斜直线，显然，它的子午像和弧矢像都是不清晰的。

光学系统如存在像散，一个物面将形成两个像面，在各个像面上不同方向的线条清晰度也不同。像散严重时，轴外点得不到清晰像。

像散的大小随视场而变化，即物面上离光轴不同远近的物点在成像时，像散值各不相同。这样，子午像点 B_t' 和弧矢像点 B_s' 的位置也随视场而异，与物面上各点对应的子午像点和弧矢像点的轨迹形成子午像面和弧矢像面，是两个相切于高斯像面轴上点的曲面，如图 8-8 所示。两弯曲像面偏离高斯像面的距离称为**像面弯曲**(curvature of field)，简称**场曲**(field curvature)。场曲以子午像面和弧矢像面相对于高斯像面的轴向偏离 x_t' 和 x_s' 来度量，x_t' 称子午场曲，x_s' 称**弧矢场曲**(sagittal field curve)。须注意，像散值和场曲值都是对一个视场点而言的。由图 8-8 可得

$$\begin{cases} x_t' = l_t' - l' \\ x_s' = l_s' - l' \end{cases} \tag{8-6}$$

子午场曲和弧矢场曲之差，即为同一视场的像散

$$x_{ts}' = x_t' - x_s' = l_t' - l_s' \tag{8-7}$$

球面光学系统存在像面弯曲主要是由球面成像的固有特性所决定的。即使没有像散，子午像面和弧矢像面重合在一起，但像面仍然存在弯曲，如图 8-8 所示，这一球面成像特性已在§4.2 中讨论过。只有在这一弯曲的像面上，才能对平面物体成清晰像。这一无像散且能成清晰像的曲面称为匹兹万像面，相应的场曲，即匹兹万(Petzval)像面相对于高斯像面的轴向偏离，称为匹兹万场曲，用符号 x_p' 表示。

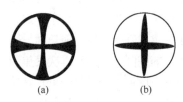

(a)   (b)

图 8-10 光学系统存在严重场曲

当光学系统存在严重场曲时，就不能使一个较大的平面物体上各点同时清晰成像。若把中心调焦清晰了，边缘就变得模糊；反之，边缘清晰后则中心就变得模糊，如图 8-10 所示。因此，对于摄像、投影用的镜头，都进行了很好的场曲校正。

以上对细光束的像散和场曲进行了讨论，而光学系统都是以宽光束成像的。子午宽光束的上、下光线经光学系统折射后的交点 B_t' 到高斯像面的轴向距离，称为宽光束子午场曲，以 X_t' 表示；同理，弧矢宽光束的前后光线折射后的交点 B_s' 到高斯像面的轴向距离，称为宽光束弧矢场曲，以 X_s' 表示。这二者之差，即 $X_t' - X_s'$，就是宽光束像散 X_{ts}'。

8.1.4 畸变

从理想光学系统的成像关系讨论中已知道，一对共轭的物、像平面上，垂轴放大率是常数，即物、像平面上各部分的垂轴放大率均相等。但是，对于实际光学系统，只有当视场较小时才具有这一性质。当视场较大时，像的垂轴放大率便会随视场而异，这样就会使

像相对于物体失去相似性。这种使像变形的成像缺陷称为**畸变**(distorsion)。

设某一视场的实际垂轴放大率为$\bar{\beta}$，此即实际主光线与高斯像面的交点高度(称为主光线像高)Y_Z'与物高y之比，而理想垂轴放大率为β，则二者之差$(\bar{\beta}-\beta)$与β之比的百分数就作为该视场的畸变，以字母q表示，即

$$q = \frac{\bar{\beta}-\beta}{\beta} \times 100\% = \frac{Y_Z'-y'}{y'} \times 100\% \tag{8-8}$$

式中，y'是理想像高。此式表示的畸变称为**相对畸变**(relative distortion)。

畸变也可以主光线像高Y_Z'与理想像高y'之差来表示，用符号$\delta Y'_Z$表示，即

$$\delta Y'_Z = Y'_Z - y' \tag{8-9}$$

此式表示的畸变称为**线畸变**(line distortion)[也称为**绝对畸变**(absolute distortion)]。

存在畸变的光学系统对物体成像时，由于实际像高与理想像高不等，而且这种畸变随视场增大而增大，所以，使整个实际像相对理想像发生变形。当对正方形网格的物面成像时，如果光学系统存在正畸变，即实际像高大于理想像高，则所成的像呈枕形，如图8-11(b)所示，这种畸变称为枕形畸变；反之，存在负畸变的光学系统所成的像呈桶形，如图8-11(c)所示，被称为桶形畸变。图中虚线表示为理想像。

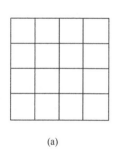 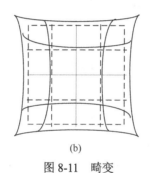 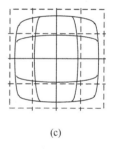

(a) (b) (c)

图8-11 畸变

由上面的讨论可知，畸变仅由主光线的光路所决定，它只引起像的变形，而对像的清晰度并无影响。因此，对于一般的光学系统，只要相对畸变$q<4\%$，就感觉不出它所成像的变形，这种畸变像差就无妨碍。但对某些要利用像来测定物体的大小和轮廓的光学系统，就必须要很好地校正畸变。

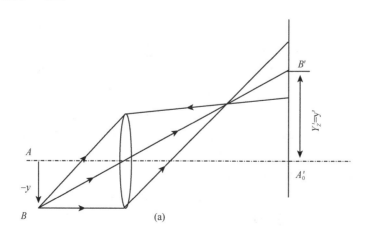

(a)

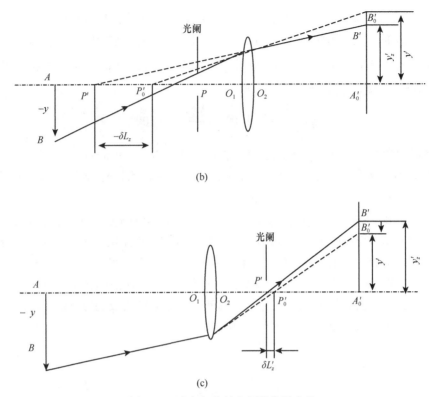

图 8-12 畸变与孔径光阑的位置有关

另外，值得指出的是，畸变还与孔径光阑的位置有关。对于单个薄透镜或薄透镜组，当光阑与之重合时，由于前后结构对称，因此不产生畸变。此时，主光线通过主点，沿着理想的方向射出，其与高斯像面的交点高度等于理想像高，如图 8-12(a)所示；当光阑位于透镜前时，主光线产生的实际像高 Y_z' 小于理想像高 y'，而产生负畸变(即桶形畸变)，如图 8-12(b)所示；当光阑位于透镜后时，由于实际主光线像高 Y_z' 大于理想像高 y'，则产生正畸变(即枕形畸变)，如图 8-12(c)所示。其实，所有轴外像差，由于都是由主光线的光路图 8-12 所决定，因此，一般都要随光阑的位置而变化，这里不作详细讨论。

8.1.5 位置色差和倍率色差

大多数光学系统都用白光成像，而白光则是各种不同波长单色光的组合。由于光学材料对不同波长的色光有不同的折射率，而且波长越短，折射率越大，因此，白光入射于任何形状的介质分界面时，只要入射角不为零，折射后，各色光线就要因折射角的不同而散开(即光的色散)。同样，当白光入射于光学系统时，各种色光将因色散而在系统内有不同的传播途径，结果导致各种色光有不同的成像位置和不同的成像倍率。这种成像的色差异称为**色差**(chromatic aberration)。通常用两种按接收器的性质而选定的单色光来描述色差。对于目视光学系统，一般都选蓝色的 F 光和红色的 C 光。

色差有两种，其中一种是描述两种色光对轴上物点成像位置差异的色差，称为位置色差或为**轴向色差**(axial chromatic aberration)。如图 8-13 所示，由轴上点 A 发出的一束孔径角为 U 的环状白光光束，经光学系统后，其中蓝色的 F 光交光轴于较近的点 A_F'，红色的

C 光则交光轴于较远的点 A'_C。这两个像点离光学系统最后一面的距离分别为 L'_F，和 L'_C，则其差值就是位置色差，用符号 $\Delta L'_{FC}$ 表示，即

$$\Delta L'_{FC} = L'_F - L'_C \tag{8-10}$$

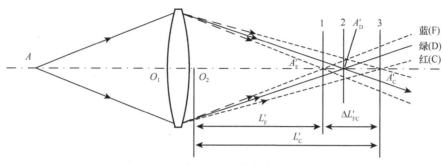

图 8-13 位置色差

位置色差在近轴区也仍然存在。因为光的色散即使在孔径角很小时仍会发生，除非孔径角等于零(亦即入射角为零)，所以，由轴上点发出的近轴白光，仍然按各色光的波长不同，而分别交光轴的不同位置。近轴区的各相应量分别用

相应的小写字母表示，则近轴区的位置色差可表示为

$$\Delta l'_{FC} = l'_F - l'_C \tag{8-11}$$

光学系统存在色差，则轴上点即使以近轴光成像也不能成一个白色的像点，而是产生一个彩色的弥散斑。如图 8-13 中，若在 A'_F 点置一白色像屏，将会看到中心蓝和外圈红；当把白屏移至 A'_C 点时，则会呈现中心红而外圈蓝。可见，色差严重影响光学系统的成像质量，因此，所有成像用的光学系统都必须校正色差。

由于光学系统中，不同孔径大小的白光将产生不同的位置色差，类似球差的校正，光学系统也只能对一个孔径带光线校正色差。一般都是对 0.707 带(即 $h/h_m = 0.707$，或 $\sin U/\sin U_m = 0.707$)的光线校正位置色差为零，效果较好。通常所指的消色差系统就是指对两种色光校正了位置色差。

对于单薄透镜，当 $l = -\infty$(即平行光入射)时，其近轴区的位置色差又可表示为

$$\Delta l'_{FC} = -\frac{f'}{v} \tag{8-12}$$

式中，v 为光学玻璃的阿贝常数，即有 $v = (n_D-1)/(n_F - n_C)$，其数值可从光学玻璃目录中查取。由上式可见，对于同一屈光度数(即同一焦距)的薄透镜来说，光学玻璃的阿贝常数 v 越大，位置色差就越小；而当光学玻璃选定后，其位置色差仅由焦距决定而与透镜的形状无关，因此，单薄透镜自身无法消色差。另外，正透镜($f'>0$)恒产生负位置色差，负透镜($f'<0$)恒产生正位置色差。只有当正、负透镜以适当的光焦度组合后才能校正位置色差，也就是使其产生的正、负位置色差相互抵消。

下面再介绍另一种色差——倍率色差(lateral chromatic aberration)。

此是一种因不同色光成像倍率的不同而造成物体的像大小差异的色差，故称为**倍率色差**或为**垂轴色差**(lateral chromatic aberration)。它是以两种色光(此即 F 光和 C 光)的主光线在高斯像面上的交点高度之差来度量，以符号 $\Delta Y'_{FC}$ 表示，即

$$\Delta Y'_{FC} = Y'_F - Y'_C \tag{8-13}$$

式中，Y'_F 和 Y'_C 分别是 F 光和 C 光的主光线在高斯像面上的交点高度（即 F 光和 C 光的主光线像高之差），如图 8-14 所示。

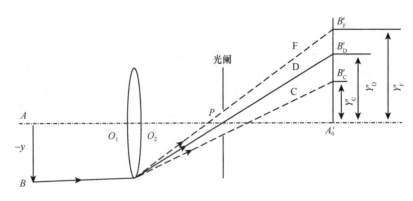

图 8-14　倍率色差

与位置色差相同，倍率色差在近轴区也同样存在，其表示式为

$$\Delta y'_{FC} = y'_F - y'_C \tag{8-14}$$

式中，y'_F 和 y'_C 分别是 F 光和 C 光的近轴像高。

倍率色差的存在，使得物体像的边缘呈现彩色，即各种色光的轴外像点不重合，从而，影响轴外像点的清晰度，造成白光像的模糊。所以，具有一定大小视场的光学系统，必须要校正倍率色差。

由于倍率色差随视场的不同而变化，因此，在光学系统中，对所规定的两种色光（这里为 F 光和 C 光），也只能对某一视场校正倍率色差。通常是对 0.707 视场（即 $\omega/\omega_m=0.707$）校正倍率色差。

倍率色差还和光阑的位置有关。图 8-14 中，光阑在透镜之后，由于 n_F 大于 n_C，故 F 光比 C 光偏折较大，Y'_F 高于 Y'_C，倍率色差 $\Delta Y'_{FC}$ 为正。如把光阑置于透镜之前，如图 8-15 所示，则情况相反，Y'_F 低于 Y'_C，倍率色差 $\Delta Y'_{FC}$ 为负。

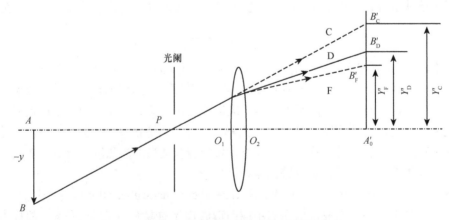

图 8-15　倍率色差和光阑的位置有关

§8.2　像　质　评　价

对光学系统的成像质量需要进行评价。首先，在加工前的设计阶段，通过光学设计软件对系统的成像情况进行模拟分析；其次，在样品加工装配之后，投入大批量生产之前，需要通过严格的实验来检测其实际成像质量。

在不考虑衍射时，光学系统的成像质量主要与系统的像差大小有关。这时，可以利用几何光学方法，通过大量的光线追迹计算来评价成像质量。例如，绘制点列图、各种像差曲线、波像差图等。此外，由于衍射存在，用几何方法不能完全描述光学系统的成像质量。因此，人们提出了基于衍射理论的评价方法。例如，点扩展函数、光学传递函数曲线、中心点亮度(Strehl ratio)等参数。各种方法都有其优点、缺点和适用范围，针对某一类光学系统，往往需要综合适用多种评价方法，才能客观、全面地反映其成像质量。本节主要介绍几种常见的像质评价方法。

8.2.1　波像差的均方根值

任何像差都会降低图像质量，像差越大，成像质量下降越严重。因此，满足成像质量要求的像差范围被称为"像差容限"。

相对于参考球面，瑞利标准或瑞利极限不允许像点的波前像差(OPD)容限大于 1/4 波长。通常，用一倍瑞利限制表示波像差为 1/4 波长。由理想透镜所形成的像是一个衍射光斑，84%的能量集中于中央光斑，剩余的 16%分布在衍射斑的旁瓣中。当波像差小于几倍瑞利限制时，中央光斑的尺寸基本不变，但中央光斑的能量已转移到周围旁瓣中。对大多数系统而言，如果像差能减小到一倍瑞利限制，系统的性能已经达到了比较好的程度。少数系统需要将像差控制在一倍瑞利限制的几分之一以内，如显微镜和望远镜对光轴上的物点，摄影物镜有时也要求达到该校正水平。

我们讨论的波前像差是指实际波前偏离参考波前的最大值，它通常是指波前畸变的峰-峰或峰-谷(P-V)的波像差值。当波像差的形状相当光滑时，P-V 值能对成像质量进行很好的评价。而当波前出现不规则或陡变缺陷时，波像差的均方根值(RMS 值)能更准确地对波前畸变进行评价。RMS 代表"均方根"，是系统全孔径上所有抽样点的波像差值平方的算术平均值的平方根。例如，元件表面上有一个凸起，而这个凸起只占一个很小的面积，即使波像差的 P-V 值很大，它对成像质量的影响也不会太大。因此，在这种情况下波像差的 RMS 值会很小，比波像差的 P-V 值更能准确地反映这个凸起对成像质量的影响。

由离焦引起的光滑波前畸变时，波像差的 RMS 值与其 P-V 值之间的关系可近似表示为：

$$\text{RMS}_{\text{OPD}} = \frac{\text{P-V}_{\text{OPD}}}{3.5} \tag{8-15}$$

对一个不太平滑的畸变波前来说，表达式的分母会更大些，尤其是由高阶像差或制造误差引起的畸变更是如此。当含有随机误差时，实际中分母通常取 4 或 5。此时，瑞利 1/4 波长标准就对应于 RMS_{OPD} 的 14 或 20 分之一波长。

8.2.2　点列图

由一点发出的许多条光线经光学系统以后，因各种像差的存在而使各条光线与像面的交点不再集中于同一点，从而形成了一个散布在一定范围的弥散图形，称之为点列图，如图 8-16 所示。由实验和实用结果表明，点列图中点的分布能够近似地代表点像的能量分布。因此，用点列图中点的密集程度可以衡量光学系统成像质量的优劣。

利用点列图来评价光学系统的成像质量，必须进行大量光线的光路计算，从而得出每条光线与像面交点的坐标，即图 8-16 中的 $\delta Y'$ 和 $\delta Z'$ 值。所计算的各条光线在光瞳面上应有合理的分布，通常是把光学系统入射光瞳的一半（因光束总对称于子午平面）分成大量等面积的网格元，从物点发出，通过每一网格元中心的光线，可代表进入瞳面上该网格元的光能量。所以，点列图中点的密度就代表了点像的光强度分布。追迹的光线越多，点列图上的点也越多，就越能精确地反映点像的光能量分布。一般总是要计算上百条甚至数百条光线。

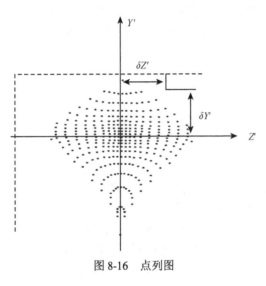

图 8-16 点列图

前面所述的几何像差是用于设计阶段评价光学系统成像质量的最简单的方法。当光学系统结构参数确定后，就可以用光路计算的方法，求出它的各种几何像差值。两个不同结构（但焦距相同）的光学系统，通过比较它们之间像差的大小，就可以确定它们之间的优劣。因此，几何像差是最早也是目前最多用于评价光学系统成像质量的指标。自从电子计算机问世后，大量的光路计算和各种像差计算已全部由电子计算机完成，而且还利用计算机快速绘制各种像差曲线和点列图。根据点列图可得知点像的形状，最大弥散斑尺寸及光能量的分布情况。这些都为更仔细深入地分析光学系统成像质量提供了极大方便。

8.2.3 光学传递函数

与前面的评价方法完全不同，光学传递函数理论的基本出发点是将物面图形分解为一系列各种空间频率成分，也就是将物的亮度分布函数展开为傅里叶（Fourier）级数（物函数为周期函数，如正弦光栅），并依此来研究光学系统对各种呈亮度余弦分布的空间频率成分的传递能力，其中包括对比的变化和位相的移动。

正弦光栅常作为检验光学传递函数的物面图案，其亮度分布为一抬高了的正弦曲线，如图 8-17 所示。正弦光栅中相邻两个极大值（或极小值）之间的距离叫做空间周期，用 T 表示，单位为毫米。单位距离内的空间周期数称为空间频率，用 ν 表示，单位为"线对/毫米"，或简称为"线/毫米"，此即为每毫米内包含的亮线条或暗线条的条数。相邻的一根亮线条和一根暗线条叫做一个"线对"。空间频率的表示式为

$$\nu = 1/T \tag{8-16}$$

正弦光栅线条的亮暗调制度定义为

$$M = \frac{L_{\max} - L_{\min}}{L_{\max} + L_{\min}} \tag{8-17}$$

式中，L_{max} 为亮线条的最大光亮度，L_{min} 为暗线条的最小光亮度。调制度 M 也称为对比度，其值 $M \leqslant 1$。

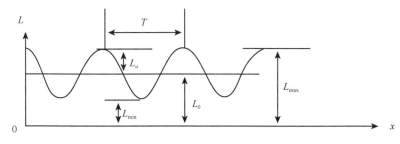

图 8-17　正弦光栅

由图 8-17 知，正弦光栅的光亮度分布 $L(x)$ 通常是由一个均匀的背景亮度 L_0 加上振幅为 L_a 的正弦分布曲线而成，其表示式为

$$L(x) = L_0 + L_a \cos 2\pi vx = L_0(1 + \frac{L_a}{L_0} \cos \omega x) \tag{8-18}$$

式中，$\omega = 2\pi v$，叫空间圆频率。由图可得

$$L_{max} = L_0 + L_a, \qquad L_{min} = L_0 - L_a$$

代入式(8-17)得

$$M = L_a/L_0 \tag{8-19}$$

若设 $L_0 = 1$，则式(8-18)可写成

$$L(x) = 1 + M\cos \omega x \tag{8-20}$$

在大多数情况下，光学系统满足线性和空间不变性条件。所谓线性系统就是指能够满足"叠加原理"的系统，即对系统输入 N 个激励函数，则系统输出 N 个响应函数。如果把 N 个激励函数相叠加后输入到系统中去，由系统输出的必定是与之相应的 N 个响应函数的叠加。线性系统的优点在于对任一个复杂的输入函数的响应，均能用输入函数分解成的许多"基元"激励函数的响应表示出来。所以，线性光学系统对一个复杂物函数的响应，可以用由物函数分解成许多余弦函数的响应表示出来。所谓空间不变性，就是指物面上不同的物点在像面上有相同形状的光能分布。虽然，实际光学系统不可能在整个像面上成像质量完全一致，但在每个像点周围一定区域内，可认为近似符合空间不变性。这样的小区域叫做"等晕区"。所以，实际光学系统在"等晕区"内是一个空间不变的线性系统，它的成像特性完全可由光学传递函数反映出来。下面来定义光学传递函数。

当以一个正弦波光栅作为物，经这样的线性光学系统成像后，所得的还是一个相同空间频率的正弦波光栅。若不考虑光学系统的衍射影响和对光的吸收、反射的损失，则认为理想像的调制度和原光栅完全相同。实际上，由于像差的存在和衍射的作用，实际像的调制度比理想像(或原物)会下降，此时，二者的背景亮度 L_0 都是一样的。如图 8-18(a)所示，实线代表理想像的亮度分布，虚线代表实际像的亮度分布。由此可看出成像后亮线条会变暗，而暗线条会亮一些。这是因为实际像的正弦曲线振幅 L'_a 比理想像的正弦曲线振幅 L_a 要小。实际像的调制度由式(8-19)得

$$M' = L'_a/L_0$$

比较式(8-19)，由于 $L'_a \leqslant L_a$，因此有 $M' \leqslant M$。这就是说，实际像的调制度会下降，而其

下降程度随光学系统像质情况的不同而不同。由于 M 和 M' 都是空间频率 v 的函数，因此，光学系统的调制传递特性定义为

$$T(v) = \frac{M'(v)}{M(v)} \tag{8-21}$$

这里，$T(v)$ 就称为**调制传递函数**（modulation transfer function，MTF）。本书以后也均称它为 MTF。

$T(v)$ 的数值在 0～1 之间。$T(v)$ 值小于 1，并不是表示光能的损失，而是体现了光能分配的改变，如图 8-18(a) 所示，亮线条亮度降低的光能，正好等于暗线条亮度增加的光能。

正弦波光栅成像后，除了调制度降低外，还可能产生相位移动。所谓相位移动，就是实际像的线条不在理想像的线条的位置上，而是沿 x 轴方向横移了一段距离。此横向移动量可用弧度值表示为正弦光栅的相位变化，如图 8-18(b) 中虚线，即是相位移动了 θ 弧度的情况。这种现象就叫光学系统的"相位传递"。由于这一移动量也是随着空间频率 v 的不同而变化，因此，称为光学系统的**相位传递函数**（phase transfer function，PTF），记为 $\theta(v)$。

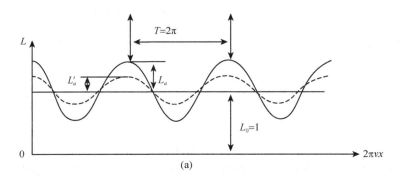

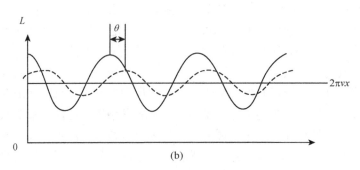

图 8-18　调制传递函数与相位传递函数

由于正弦光栅成像时，在幅值（或对比度）和相位上同时发生了变化，因此，光学系统的作用与数学上一个复函数对正弦函数的作用相类似，于是，可表示为这样一个复函数：

$$\text{OTF}(v) = T(v)\text{e}^{-i\theta(v)} \tag{8-22}$$

这里，$\text{OTF}(v)$ 就是光学传递函数（optical transfer function），它由调制传递函数 $T(v)$ 和相位传递函数 $\theta(v)$ 共同组成。由于相位传递函数（PTF）一般不影响像的清晰度，因此，实际用的都是调制传递函数（MTF）。图 8-19 表示了最常用的 OTF 曲线图，图中横坐标用空间频率 v（线/毫米）表示。纵坐标：左边为 MTF，用 0～1 表示；右边为 PTF，用 -180°～180°表示。

由图 8-19 可看出，MTF 随空间频率 ν 的不同而变化。而且有一个截止频率。高于这一频率的正弦目标，其 MTF（即像的调制度）都等于零，即成为一片均匀亮度的背景。由此也表明，光学系统相当于一个低通线性滤波器。

综上所述，通常的光学成像系统可看作是一个低通线性滤波器，一个亮度为正弦分布的物体，经光学系统后，所成的像仍然是一个相同空间频率的正弦分布，且平均亮度 L_0 不变，但线条的亮度有起伏，即对比度降低了 $T(\nu)$ 倍，同时像的位置移动了 $\theta(\nu)/2\pi\nu$。$T(\nu)$ 称为调制传递因子，它表征了光学系统物对比的能力，由于光学系统的衍射和残余像差而导致了 $T(\nu)<1$。$\theta(\nu)$ 称为相位传递因子，由于光学系统的非对称残余像差使得 $\theta(\nu)\neq0$。调制传递因子和相位传递因子随空间频率 ν 而变化的函数关系称为光学系统的调制传递函数（MTF）和相位传递函数（PTF），它们共同构成了光学传递函数（OTF）。任何一个光学系统都存在着一个截止空间频率，高于这一截止频率时，$T(\nu)$ 值降低为零，即为一片均匀亮度的背景。

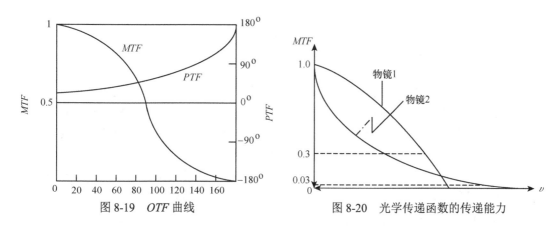

图 8-19　OTF 曲线　　　　　　　图 8-20　光学传递函数的传递能力

光学传递函数（OTF）是一种全面、客观的评定像质的方法，尤其是对成像质量密切相关的调制传递函数（MTF）与前述的分辨率等有一定关系，但比它们更为严格和全面。

光学传递函数能反映不同频率的传递能力。一般而言，高频传递函数反映了物体细节的传递能力，中频传递函数反映对物体层次的传递能力，而低频传递函数则反映物体轮廓的传递能力。如图 8-20 所示，两个物镜镜头的极限分辨率是物镜 2 比物镜 1 高，但在低频部分则是物镜 1 比物镜 2 高，因此，用物镜 1 成像，层次丰富，真实感强。

光学传递函数还能反映不同对比度的传递能力。若人眼的对比阈值是 3%，即像的对比降低到 0.03 时的频率，就是目视分辨率。若测试目标为高对比的物，设 $M=1$，则 MTF=0.03/1=0.03，所以在高对比测试时，物镜 2 的目视分辨率优于物镜 1。但是当改用低对比的测试目标时，设 $M=0.1$，则 MTF=0.03/0.1=0.3。此表明低对比测试时，物镜 1 的目视分辨率比物镜 2 要好些，其结果与高对比测试时相反。实际上，用低对比测试分辨率时，分辨率的高低能反映成像质量，而高对比情况下测得的分辨率，则难以判别其成像质量的高低。

由于光学传递函数与像质有关，因此，它可用来评价光学系统的成像质量。它的优点是既有明确的物理意义，又和使用性能密切联系；可以计算，又可以测量；对大小像差系统均可适用。所以，它是一种有效、全面而客观的像质评价方法。

§8.3 常用的像质检验方法

光学系统加工好后，除用户直接实践鉴定其质量外，还得进行一定的像质评价和像质检验。

评价一个光学系统的质量，一般是根据物空间的一点发出的光能量在像空间的分布状况来决定的。按几何光学的观点，理想光学系统对点物成点像，在像空间中光能量集中在一个几何点上。光学系统的像差使光能量分散，因此，认为理想光学系统可以分辨无限细的物体结构。而实际上由于衍射现象的存在，这是不可能的。所以几何光学的方法是不能描述能量的实际分布的。于是，人们先后提出许多种对光学系统的像质评价方法，诸如斯特列尔判断法、瑞利的波像差判断法、点列图法、边界曲线评价法、阴影法（刀口仪法）、分辨率法、星点法等。

光学系统的质量评价方法应和光学仪器产品的检验方法相对应。目前各种评价方法均有相应的检验方法和仪器。我国光学工厂中，对光学系统质量检验，采用较多的是分辨率法和星点法。

8.3.1 分辨率法

从前面的理想光学系统的成像性质讨论中知道，由同一物点发出的光线，通过理想光学系统后，应全部聚焦于一点。由于光线是传输能量的几何线，因而这些几何线的交点应该是一个既没有体积也没有面积的几何点。但是，在像面上实际得到的却是一个具有一定面积的衍射光斑。之所以出现这种现象，是因为把光看作是光线只是几何光学的一个基本假设，实际上，光是一种电磁波，并以电磁波的方式进行传播。虽然，在应用光学中，绝大多数光学现象可以利用光线的概念进行说明，但是在某些特殊情况下，如光束聚焦点附近的光能分布问题，就不能用几何光学来准确地说明，而必须用波动光学的衍射理论加以解释。

由菲涅尔（Fresnel）圆孔衍射理论知道，上述现象的发生，是因为作为电磁波的光波通过光学系统中限制光束大小的孔径光阑时，发生圆孔衍射而造成的。所以，像面上得到的是圆孔衍射光斑。其截面上的能量分布如图 8-21 所示，中央亮斑[即艾里（Airy）斑]集中了全部能量的 80% 以上，而第一亮环最大光强度不到中央亮斑最大光强度的 2%。因此，通常把衍射光斑的中央亮斑作为物点通过理想光学系统的衍射像。中央亮斑的半径由下式表示：

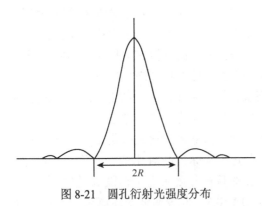

图 8-21 圆孔衍射光强度分布

$$R = \frac{0.61\lambda}{n' \sin U'} \tag{8-23}$$

式中，λ 为光的波长，n' 为像方介质折射率，U' 为光束的像方孔径角。

由于其衍射像有一定的大小，因此，当两个像点彼此靠近时，像面上的这两个衍射光斑就会出现重叠，其重叠部分的光强度由它们叠加得到。随着两衍射光斑中心距的变化，则可能会出现如图 8-22 所示的三种情况。当两发光物点 A 和 B 之间的距离足够大，使得它们的衍射像 A' 和 B' 之间的距离，即两衍射光斑的中心距，较中央亮斑的直径为大，则两衍射像之间有明显的暗区，如图 8-22(a) 所示，显然，此时能够分辨这两个分离的像点。当两发光物点逐渐靠近，使得两衍射像 A' 和 B' 之间的距离刚好等于中央亮斑的半径，亦即一个衍射光斑的第一暗环刚好与另一衍射光斑的中心重合，如图 8-22(b) 所示，两衍射光斑重叠部分的合光强(如图中虚线所示)在两个极大值之间存在一个极小值，其比值为 1：0.735，此时，人眼刚好能够分辨开这二个像点。这就是常被用作分辨判断标准的瑞利(Rayleigh)判据。当两物点继续靠近后，两衍射光斑之间就会因重叠过多，而使得它们的合光强等于或大于原来每个衍射光斑的中央极大值，两光斑之间已无明暗差别，从而合成为一个亮斑，如图 8-22(c) 所示，显然，此时不能分辨这两个像点。

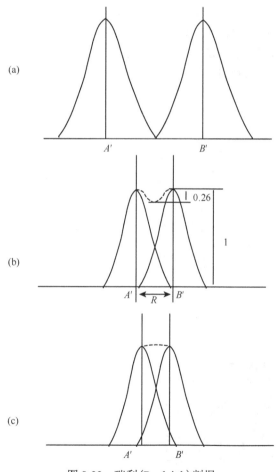

图 8-22 瑞利(Rayleigh)判据

由上述讨论可知，两个衍射像之间所能分辨的最短距离 σ 约等于其中央亮斑的半径 R，即 $\sigma \approx R$。这两个衍射像之间所能分辨的最短距离，即称为理想光学系统的**分辨率**(resolution)或**分辨本领**(resolving power)，其大小为 $1/\sigma$。它是评价光学系统的质量指标之一。若把分辨率换成用相应的分辨角表示，则有

$$\varphi = \frac{1.22\lambda}{D} \tag{8-24}$$

式中，D 为光学系统的入瞳直径，φ 的单位为弧度。

实际的光学系统，由于存在像差和加工、装调误差，使得衍射光斑的能量更为分散，因此，其分辨率相对于理想光学系统要低。光学系统的分辨率主要与相对孔径、照明条件、观测对象、背景亮度和光能接收器有关，而与像差的关系并不密切，只是对于大像差系统（如照相物镜），在低对比时，分辨率才会随像差的增加而降低。因此，分辨率是一个不很确定的量。尽管分辨率法可以用两个数值定量表示实际光学系统成像质量的好坏，测定分辨率也比较简单方便，而且至今仍在实际工作中得到普遍应用，但它还并不是一种十分完善的评价方法，而且分辨率的测量在很大程度上受主、客观条件的影响。

实际作分辨率检验时，通常采用由不同粗细黑白线条相间组成的高对比图案或实物标本制作成分辨率板，其常用的图案如图 8-23 所示。测量分辨率所用的仪器装置如图 8-24 所示，其中平行光管 P 的作用是产生一个位于无限远的像，作为待测镜头 L 的物。分辨率板放置在平行光管物镜的前焦面上，通过平行光管物镜和被测镜头成像在被测镜头的像方焦平面上，然后通过读数显微镜 M 观察读取一组在各方向上均能分辨清楚的线条最细的条栅单元，就可求得被测镜头每毫米内能够分辨的线宽(或线对数)。

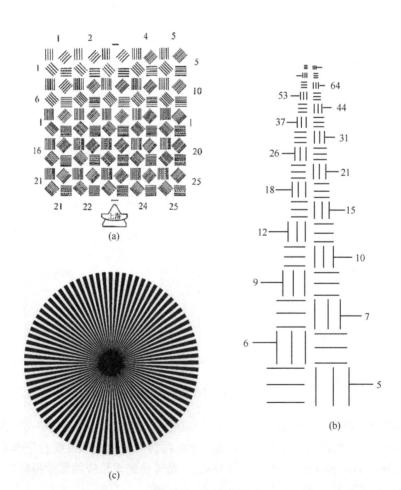

图 8-23　分辨率板

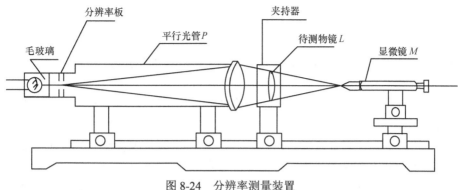

图 8-24　分辨率测量装置

8.3.2　星点检验

星点检验又称星点法，它是检验实际光学系统质量的另一种方法。

光学系统对一般物体成像时，可以把任意的物面看成是无数个具有不同光强度且又各自独立的发光点的集合。每个发光物点通过光学系统后，由于衍射、像差以及其他工艺疵病的影响，像平面上所得到的像点并不是一个几何点而是一个弥散光斑，即称"星点像"。整个物体的像则是这无数个星点像的集合。星点像的光强分布规律就决定了光学系统所成像的清晰程度。因此，通过考察光学系统对一个物点的成像质量，就可以了解和评定光学系统对任意物面的成像质量。星点法就是将被检光学零件或光学系统对点光源成像，根据所得到的像点形状和大小来测定光学系统成像质量的好坏，并由此找出像质不好的原因。具体检验系统和分辨率测定系统相同，所不同的只是把分辨率板换成星孔板，如图 8-25所示。

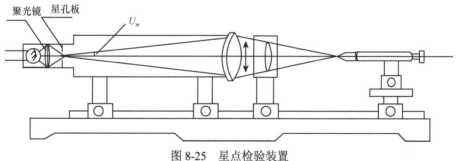

图 8-25　星点检验装置

星点检验只是一种定性的相互比较的检验方法，无法作定量的检验。但由于它所使用的设备简单，现象直观，而且灵敏度较高，有经验的检验人员根据星点像便能很快判明星点像中所包含的成像误差，很快找出造成像质不好的原因。因此，在实际生产中经常使用星点检验。

星点法和前述的点列图都是利用对像点形状、大小和能量分布来评定光学系统的成像质量。不同处在于点列图用于设计阶段，它不考虑衍射，利用计算光线光路得到。而星点法则是用在已是制成品的实际光学系统的像质检验，其所得到的星点像既包含设计误差，又包含制造和装调等误差；既包含几何像差，又包含衍射效应，因此，星点像所含的内容比点列图丰富得多。

习 题 八

8-1 白光有哪几种像差？它们是如何定义的？它们对成像质量有何影响？

8-2 光学系统的孔径和视场大小对各种像差有何影响？

8-3 反射镜是否会产生色差？通过一个凸透镜观察物体的虚像时，能否看到该透镜产生的色差？

8-4 当我们观察鱼缸中的鱼时，为什么只有在几乎和鱼缸玻璃壁垂直的方向观察才能看得清楚，而当以倾斜角度去看时，鱼就显得模糊？

8-5 如果物体是一个"十"字形图案，那么通过有像散的光学系统所成的像有何缺陷？通过没有像散的光学系统还会有何缺陷？

8-6 用光学传递函数来作像质评价有哪些优点？

(李大海)

第九章　目视光学仪器

在照明条件良好的情况下,刚刚能被人眼分开的外界二点对眼睛的物方节点所张的角度,称为极限分辨角,约为 1′。如果细微的物体或远距离的物体对人眼所成的视角低于 1′,一般人眼将不能分辨,必须借助光学仪器将物体放大,使放大像的视角大于一般人眼的极限分辨角,这类仪器称为目视光学仪器。

§9.1　放大镜和目镜

9.1.1　放大镜的视角放大率

放大镜(magnifier)是用来观察近距离微小物体的最简单的一种目视光学仪器,一般由单个透镜构成。由于目视光学仪器是与人眼一起使用的,所以其放大作用不能单由以前所讲的光学系统本身的放大率来表征。因为此时有意义的是在眼睛视网膜上的像的大小,即是视角的放大。放大镜的视角放大率定义为:通过放大镜看物体时,其像对眼睛所张角度 ω' 的正切,与眼睛直接看物体时,物体对眼睛所张角度 ω 的正切之比,通常用 Γ 表示。

如图 9-1 所示,位于放大镜物方焦点 F 以内的物 AB,其高度为 y,则物体的像为虚像 $A'B'$,像高为 y',像对眼睛所张角度的正切为

$$\tan \omega' = \frac{y'}{-x' + x_z'}$$

而当眼睛在明视距离(250mm)直接观察物体时,物体对眼睛张角的正切为

$$\tan \omega = \frac{y}{250}$$

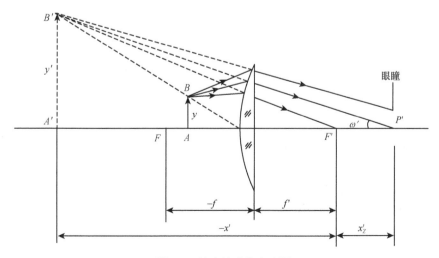

图 9-1　放大镜成像光路图

则放大镜的视角放大率 Γ 为

$$\Gamma = \frac{\tan\omega'}{\tan\omega} = \frac{\dfrac{y'}{-x'+x_z'}}{\dfrac{y}{250}} = \frac{250y'}{(-x'+x_z')y}$$

将 $\beta = \dfrac{y'}{y} = -\dfrac{x'}{f'}$ 代入上式可得

$$\Gamma = \frac{250}{f'} \cdot \frac{x'}{(x'-x_z')}$$

在实际使用的过程中，眼瞳大致位于放大镜的像方焦点 F' 的附近，上式分母中的 x_z' 相对于 x' 小得多，可以略去，则

$$\Gamma = \frac{250}{f'} \tag{9-1}$$

即放大镜的焦距越小，视角放大率越大。

9.1.2 放大镜的光束限制和视场

放大镜总是与眼睛一起使用，在讨论其光束限制时，应将眼瞳也作为一个光阑来考虑。如图 9-2 所示，整个系统有两个光孔：直径为 $2h$ 的放大镜镜框和直径为 $2a'$ 的眼瞳。眼瞳是孔径光阑，也是出瞳。放大镜镜框起着限制视场的作用，为视场光阑，同时也是入射窗和出射窗。因此，物平面上能被成像的范围或线视场的大小由放大镜镜框和眼瞳的直径以及它们之间的距离 d 所决定。

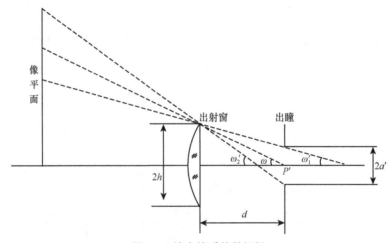

图 9-2 放大镜系统的视场

放大镜系统中，入射窗不和物平面重合，视场边缘部分成像必有渐晕现象。由角度 $2\omega_1'$ 所决定的视场内没有渐晕，由 $2\omega'$ 所决定的是有 50%渐晕的视场，而由 $2\omega_2'$ 所决定的是放大镜所可能成像的最大视场。

由图 9-2 可知，它们分别有

$$\begin{cases} \tan\omega'_1 = \dfrac{h-a'}{d} \\[2mm] \tan\omega' = \dfrac{h}{d} \\[2mm] \tan\omega'_2 = \dfrac{h+a'}{d} \end{cases} \tag{9-2}$$

由上式可知，放大镜镜框的直径 h 越大，眼睛越靠近放大镜，即 d 越小，视场就越大。

通常，放大镜的视场用通过它所能看到的物平面上的圆直径或线视场 $2y$ 来表示。当物平面位于放大镜的物方焦点上时，像平面在无限远，如图 9-3 所示。

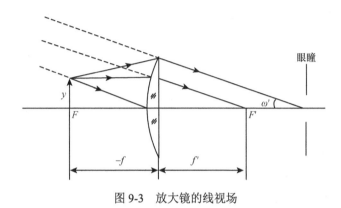

图 9-3 放大镜的线视场

由图可得

$$2y = 2f'\tan\omega'$$

将式 (9-1) 中的 f' 和式 (9-2) 中的 $\tan\omega'$，代入上式得

$$2y = \frac{500h}{\varGamma d} \tag{9-3}$$

可见，放大镜的视角放大率越大，视场就越小。

9.1.3 目镜

目镜 (eyepiece) 是目视光学仪器的重要组成部分，它把物镜所成的像再次放大，并成像在人眼的远点，以便人眼观察。目镜的作用相当于一个放大镜，目镜的光学特性主要有视场角 $2\omega'$、相对出瞳距离 p'/f' 和工作距 l_F。

望远系统目镜的视场角取决于系统的视场角 2ω 和视角放大率 $\varGamma$，即

$$\tan\omega' = \varGamma\tan\omega$$

一般系统的放大率都大于 1，故目镜的视场角一般都很大。一般目镜的视场角为 $40°\sim50°$，广角目镜的视场角为 $60°\sim80°$，特广角目镜的视场角在 $90°$ 以上。由于目镜视场的限制，目镜的视场角不能无限制地提高。

相对出瞳距离 p'/f' 是目镜的出瞳距离 p' 与目镜焦距 f' 的比值。当 p' 确定后，p'/f' 值越大，则 f' 就越小。一般目镜的相对出瞳距离为

$$p'/f' = 0.5\sim0.8$$

特殊情况时，目镜的相对出瞳距离可达到 1 以上。

目镜的工作距离 l_F 是指目镜第一面的顶点到目镜物方焦平面的距离,即目镜的物方截距。由于人眼的缺陷,目视光学仪器为了适应近视眼的需要,目镜必须具有向物镜方向调节 5 个视度(即屈光度)的轴向移动范围,为了使目镜的第一表面不与分划板相碰,所以目镜的工作距离必须大于目镜视度调节范围的轴向移动量。

目镜的轴上点像差不大,用不着特别注意便可以满足要求。但是,由于目镜的视场大,轴外像差很严重,应主要矫正与视场有关的彗差、像散、场曲、畸变和倍率色差。

典型的目镜有很多种,下面仅介绍几种常用的目镜和它们各自的特性。

1. 凯涅尔目镜

如图 9-4 所示,凯涅尔目镜由一个正透镜和一个双胶透镜组成。其视场角 $2\omega'=45°\sim50°$,相对出瞳距离 $p'/f'\approx1/2$。

2. 对称目镜

如图 9-5 所示,对称目镜由两个双胶透镜组成,其视场角 $2\omega'=40°\sim42°$,相对出瞳距离 $p'/f'\approx3/4$。对称目镜的像质比凯涅尔目镜好,相对出瞳距离也较大,故它在军用观察仪器和瞄准仪器中应用很广。

3. 无畸变目镜

如图 9-6 所示,无畸变目镜由三胶透镜和一正透镜组成。其光学特性为:视场角 $2\omega'=10°$,相对出瞳距离 $p'/f'\approx3/4$。无畸变目镜的畸变很小,在测量仪器中有广泛的应用。

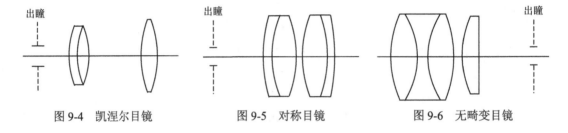

图 9-4　凯涅尔目镜　　　　　图 9-5　对称目镜　　　　　图 9-6　无畸变目镜

4. 艾尔弗目镜

如图 9-7 所示,艾尔弗目镜(也称广角目镜)由两个双胶透镜和位于两双胶透镜中间的一块正透镜所组成。其光学性能为:视场角 $2\omega'=65°\sim72°$,相对出瞳距离 $p'/f'\approx3/4$。

艾尔弗目镜是一种大视场和大出瞳距离的目镜,故其应用很广。

5. 特广角目镜

如图 9-8 所示,特广角目镜由五块透镜组成,前三块胶合在一起,后两块为正透镜分离放置。视场角 $2\omega'=80°$,相对出瞳距离 $p'/f'\approx1$。

6. 长出瞳距离目镜

如图 9-9 所示,长出瞳距离目镜的视场角 $2\omega'=40°$,相对出瞳距离 $p'/f'\approx1.37$。该目镜一般用在对出瞳距离要求大的仪器中。

目镜的型式很多,在满足视场和出瞳距离的情况下,要合理地选择。一方面要注意成像质量,另一方面则要注意它们的结构和工艺性。

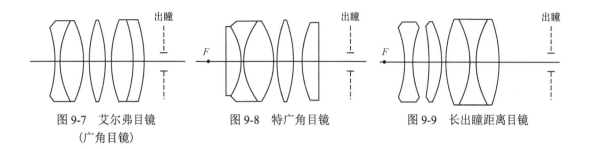

图 9-7 艾尔弗目镜
（广角目镜）

图 9-8 特广角目镜

图 9-9 长出瞳距离目镜

§9.2 显微系统及其特性

如果要得到较高的视角放大率，放大镜就不能胜任，而必须采用复杂的组合光学系统，这就是显微镜（microscope）。它是目视光学仪器中应用广泛，又极为重要的一种光学仪器。

显微镜的光学系统由物镜（object lens）和目镜两个部分组成。为了充分发挥其效能，还要有一个主要由聚光镜组成的照明系统。

9.2.1 显微镜的成像原理

为方便起见，图 9-10 中的物镜 L_1 和目镜 L_2 均以单透镜表示。位于物镜物方焦点以外的物体 AB，经物镜后，在目镜的前焦平面附近或前焦平面上，形成一个放大、倒立的实像 $A'B'$，再经过目镜放大成像在人眼的明视距离处或无穷远处。则显微镜的总放大率应该是物镜的放大率和目镜放大率的乘积。由于在显微镜中存在中间实像，故可以在物体的实像平面上放置分划板，从而可以对被观察物体进行测量，并且在该处还可设置视场光阑，以消除渐晕现象。

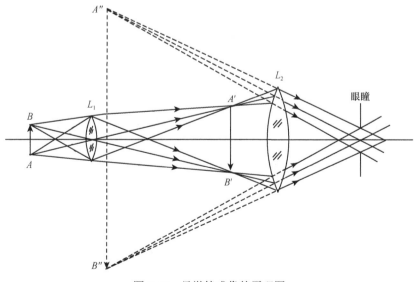

图 9-10 显微镜成像的原理图

像 $A'B'$ 相对于物镜像方焦点的距离 $x' \approx \Delta$。Δ 为物镜和目镜的焦点距离，在显微镜中称为**光学筒长**(optical tube length)。

设物镜的焦距为 f_1'，则物镜的放大率为

$$\beta = -\frac{x'}{f_1'} = -\frac{\Delta}{f_1'}$$

像 $A'B'$ 再被目镜放大，放大率为

$$\Gamma_1 = \frac{250}{f_2'}$$

式中，f_2' 为目镜的焦距。因此，显微镜的总放大率为

$$\Gamma = \beta\Gamma_1 = -\frac{250\Delta}{f_1'f_2'} \tag{9-4}$$

由上式可见，显微镜的总放大率和光学筒长 Δ 成正比，与物镜和目镜的焦距乘积成反比。式中的负号，表示当显微镜具有正物镜和正目镜时，整个显微镜给出倒像。

如果把显微镜系统的物镜和目镜看成是一个组合系统，其组合系统的焦距为

$$f' = -\frac{f_1' \cdot f_2'}{\Delta}$$

则显微镜的总放大率也可写成

$$\Gamma = \frac{250}{f'}$$

此式与放大镜的公式(9-1)形式相同，表明显微镜实质上就是一个复杂化了的放大镜。由于这个组合系统焦距 f' 为负值，所以与放大镜不同的是得到的为倒立的物像。

概括地说，显微系统的光学特征是：一个在有限距离处的物体，经物镜成倒立的实像于目镜的物方焦平面上或附近，再经目镜成一放大的虚像。符合这一特征的光学系统，就可认为是显微光学系统。

9.2.2 显微镜的分辨率

显微镜的分辨率以它在物平面上所能分辨的两点间的最短距离 σ 来表示。显微镜对二个发光点的理论分辨率 σ_0 由下式表示：

$$\sigma_0 = \frac{0.61\lambda}{NA} \tag{9-5}$$

式中，$NA = n\sin U$，称为物镜的数值孔径，它是显微镜物镜的重要性能指标之一，U 为物镜成像平面对出瞳所成的孔径角。

对于不能自发光的物点，被其他光源照明时，分辨率为

$$\sigma_0 = \frac{\lambda}{NA}$$

当倾斜照明时，分辨率为

$$\sigma_0 = \frac{0.5\lambda}{NA}$$

由以上公式可见，显微镜对于一定波长的光线的分辨率，在像差校正良好时，完全由物镜的数值孔径所决定，数值孔径越大，分辨率越高。

当显微镜的物方介质为空气时，$n=1$，物镜可能的最大数值孔径为 1，一般只能达到

0.9 左右。若物方介质为折射率较高的液体，如 $n=1.5\sim1.7$ 的液体(常用的液体有杉木油 $n=1.517$，溴化萘 $n=1.656$ 等)，数值孔径可提高到 $1.5\sim1.7$。因此，光学显微镜的分辨率基本上达到与使用照明光线波长同一数量级。

为了充分利用显微镜的分辨率，使已被物镜分辨出的细节能被眼睛分辨，显微镜的放大率必须足够大。眼睛的极限分辨角为 $1'$，为便于观察，取眼睛的分辨角为 $2'$，则在明视距离处刚能分辨开两点之间的距离 σ' 为

$$\sigma' \geqslant 250\times2\times0.00029 = 0.145 \text{ mm}$$

式中，σ' 是显微镜像空间被人眼所能分辨开的线距离。换算到显微镜的物方空间，相当于显微镜的分辨率乘以视角放大率，取 $\sigma_0 = 0.5\lambda/NA$，则得下式：

$$\frac{0.5\lambda}{NA}\Gamma \geqslant 0.145$$

当取 $\lambda = 0.00055$ 毫米时，上式可写成

$$527NA \leqslant \Gamma$$

或近似写成

$$500NA \leqslant \Gamma$$

满足上式的放大率称为显微镜的有效放大率。显微镜的有效放大率取决于显微物镜的数值孔径。当使用比有效放大率下限($500NA$)更小的放大率时，不能看清物镜已经分辨出的某些细节；如果盲目使用高倍目镜以得到更大的放大率，则会造成无效放大，并不能使被观察物体的细节更清晰。

§9.3　望远系统及其特性

9.3.1　望远镜的一般特性

望远镜是观察远距离物体的光学仪器。由于望远镜所成的像对眼睛的张角大于物体本身对眼睛的直观张角，所以给人一种"物体被拉近了"的感觉。望远镜的光学系统简称望远系统，由物镜和目镜组成，物镜的像方焦点与目镜的物方焦点重合，光学间隔 $\Delta=0$。图 9-11 为一种常见的望远系统的光路图，为了方便起见，图中的物镜和目镜均用单透镜表示。

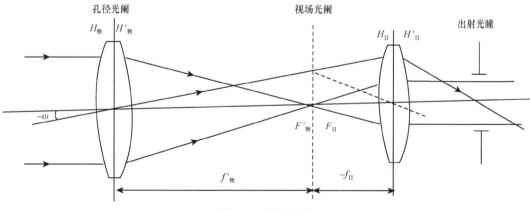

图 9-11　望远系统

物镜框是一孔径光阑，也是入射光瞳，出射光瞳位于目镜像方焦点之外。系统的视场光阑设在物镜的像平面处，即物镜和目镜的公共焦点处，入射窗和出射窗分别位于光学系统的物方和像方的无限远，各与物平面和像平面重合。

根据光组的焦距公式，由于 $\Delta=0$，有

$$f'=-\frac{f_1'\cdot f_2'}{\Delta}=\infty$$

$$f=\frac{f_1\cdot f_2}{\Delta}=\infty$$

可知，望远系统的物、像方焦距均为无限大。因此，平行光束射入望远系统，出射后仍为平行光束。由于望远系统的物方主面和焦面、像方主面和焦面均位于无限远，所以说望远系统的基点和基面都位于无限远。

由于望远系统的主点和焦点都位于无限远，因而不便用它们作为原点来表示物、像位置。由图 9-12 可知，第一光组的物方焦点 F_1 和第二光组的像方焦点 F_2'，对于整个光学系统来说是一个物像共轭点，因此可以用它们作为原点来表示物、像的位置。

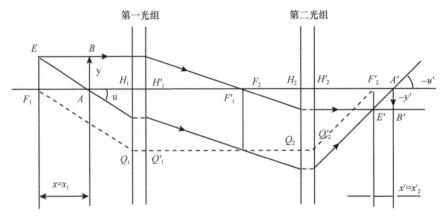

图 9-12　望远系统的光路图

利用牛顿公式 $xx'=ff'$ 及其放大率公式 $\beta=-\dfrac{x'}{f'}=-\dfrac{f}{x}$ 应用于第一和第二光组，可得

$$x_1'=\frac{f_1\cdot f_1'}{x_1}, \qquad\qquad x_2'=\frac{f_2\cdot f_2'}{x_2}$$

$$\beta_1=-\frac{x_1'}{f_1'}, \qquad\qquad \beta_2=-\frac{f_2}{x_2}$$

因为 $\Delta=0$，所以 $x_2=x_1'$，则可得望远系统的物像公式和放大率公式为

$$x_2'=\frac{f_2\cdot f_2'}{f_1 f_1'}x_1$$

$$\beta=\beta_1\beta_2=\frac{f_2}{f_1'}$$

对第一式微分，可得望远系统的轴向放大率公式

$$a=\frac{\mathrm{d}x'}{\mathrm{d}x}=\frac{f_2 f_2'}{f_1 f_1'}$$

在直角三角形 $\triangle F_1 H_1 Q_1$ 和 $\triangle F_2' H_2' Q_2'$ 中，有

$$\tan U = \frac{H_1 Q_1}{-f_1}, \qquad \tan(-U') = \frac{H_2' Q_2'}{f_2'}$$

因 $H_2' Q_2' = H_1 Q_1$，可得望远系统的角放大率

$$\gamma = \frac{\tan U'}{\tan U} = \frac{f_1}{f_2'}$$

如果望远系统的两个光组都处在空气中，则 $f_1' = -f_1$，$f_2' = -f_2$，于是放大率公式可表示为

$$\begin{cases} \beta = -\dfrac{f_2'}{f_1'} \\[2mm] a = \left(\dfrac{f_2'}{f_1'}\right)^2 \\[2mm] \gamma = -\dfrac{f_1'}{f_2'} \end{cases} \tag{9-6}$$

可以看出，在一般光学系统中的放大率之间的关系：$a = \beta^2$，$a\gamma = \beta$ 和 $\gamma = 1/\beta$，在望远系统中同样成立。此外，与一般光学系统不同的是：望远系统的各放大率与物像位置无关，仅决定于两个光组的焦距之比。所以对于任意物、像位置，放大率为常数。

9.3.2　望远系统的视角放大率

由于望远镜观察的都是远距离目标，因此，物体对人眼的张角与物体对望远镜的张角之间的差别可以忽略不计，如图 9-13 所示。

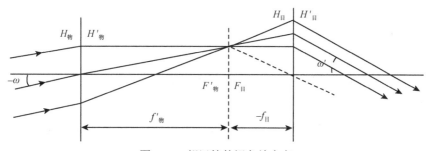

图 9-13　望远镜的视角放大率

根据视角放大率的定义：物体通过望远系统所成的像对人眼视角的正切与人眼直接观察时物体对人眼视角的正切之比，即

$$\Gamma = \frac{\tan \omega'}{\tan \omega}$$

式中 ω 就是物体对仪器的张角，对光学系统来说 ω 和 ω' 是物、像空间的一对共轭角，所以，比值 $\tan\omega'/\tan\omega$ 就是该系统的角放大率 γ，则

$$\Gamma = \frac{\tan \omega'}{\tan \omega} = \gamma = -\frac{f_1'}{f_2'} \tag{9-7}$$

上式表明，望远系统的视角放大率在数值上就等于该系统的角放大率，只与两个光组的焦距有关，与物面位置无关。

对向物体的光组称为物镜，靠近眼睛的光组称为目镜。所以，望远系统的视角放大率等于物镜焦距 $f_物'$ 与目镜焦距 $f_目'$ 之比，但符号相反。因此，若要提高望远系统的视角放大率，须增大物镜焦距或减小目镜焦距。

9.3.3 开普勒望远镜和伽利略望远镜

开普勒望远镜和伽利略望远镜均为折射式望远镜。

由两个正透镜组组成的望远系统，称为开普勒望远镜(Kepler telescope)。由于 $f_1'>0$，$f_2'>0$，由式(9-7)知 $\Gamma<0$，成倒像，因此，仅由物镜和目镜组成的开普勒望远镜只适用于天文观察和大地测量。若要系统成正像，须加入转像系统，这种望远镜在军事上广为采用。

伽利略望远镜(Galilean telescope)是由一个正光焦度($f_1'>0$)的物镜和一个负光焦度($f_2'<0$)的目镜组成的，如图9-14所示。

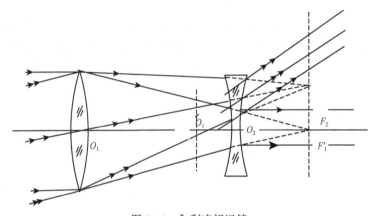

图 9-14 伽利略望远镜

伽利略望远镜的优点是成正像，不需要加入转像系统，结构简单，较为轻便。另外，仪器筒长较短，可以制成望远镜眼镜。

在§5.6 中分析过的厚度 $d = \dfrac{n(r_1 - r_2)}{n-1}$ 的弯月型透镜就是一个伽利略望远镜。如果我们把透镜的两个折射面看作是两个光组，则根据单折射面焦距公式，第一光组的像方焦距为

$$f_1' = \frac{nr_1}{n-1}$$

第二光组的物方焦距为

$$f_2 = \frac{nr_2}{n-1}$$

当透镜厚度 d 刚好为 $f_1' - f_2$ 时，恰好使第一折射面的像方焦点 F_1' 与第二折射面的物方焦点 F_2 重合，构成一个伽利略望远镜系统，如图9-15所示。

这种望远镜倍率较低，但结构简单，在眼科中可用于研究、测量和矫正两眼不等视症。

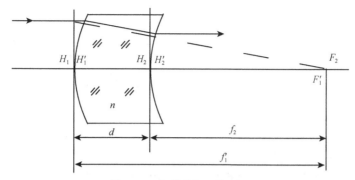

图 9-15　伽利略望远镜系统

§9.4　摄影与投影系统

通常把接收图像装置是一张感光底片或电荷耦合器件(CCD)的成像系统称为摄影系统。它由摄影物镜、接收图像装置，取景与测距系统等组成。

摄影物镜是摄影系统中的主要光学元件。根据其结构和性能的不同，摄影系统的用途也各不相同。最常用的摄影系统是照相机和摄影机，在生产和科学研究中所使用的显微照相系统、制版光学系统、航空摄影系统，水下摄影系统及测绘光学系统等都属于摄影系统的范畴。

9.4.1　对摄影物镜的基本要求及有关参数的确定

摄影系统的核心部分是物镜。反映物镜光学性能的参数主要有四个，即焦距 f'、相对孔径 D/f'、视场 2ω 以及分辨率 σ。

1. 焦距 f'

摄影物镜的焦距，决定了物像的缩放比。对一定物距的物体拍摄时，有

$$y' = -f' \tan \omega' \tag{9-8}$$

$$y' = \beta y = \frac{f'}{x} y \tag{9-9}$$

可知，焦距大者其像也大，焦距小者其像也小，即像的大小是物镜焦距的函数。当物在无限远时，用式(9-8)；当物在有限远时，用式(9-9)。

为适应各种摄影条件和要求，摄影物镜的焦距也有很大的差异。显微照相用的物镜，其焦距只有几个毫米；拍摄远距离物体使用的物镜，其焦距可达数米；普通风景照相机上使用的物镜，其焦距介于两者之间，十几个毫米至数百毫米。

2. 相对孔径 D/f'

相对孔径(relative aperture)为入瞳直径与焦距的比。摄影物镜像平面上的照度和物镜的分辨率与相对孔径的大小成正比，故要想在照明不良条件下的摄影或者对高速运动的物体的摄影，须增大物镜的相对孔径。根据相对孔径的大小不同，摄影物镜可以分为弱光物镜、普通物镜、强光物镜和超强光物镜。普通风景照相机用的物镜，其相对孔径可达 1：2.8～1：1.2 之大。

在实际应用中，常用**光圈数**(aperture number)来标记摄影物镜孔径的大小。光圈数(F)为相对孔径的倒数。由于实际景物距离远大于物镜的焦距，因此可认为像平面近似位于物镜的像方焦平面上，此时有 $u'\approx D/2f'$，将此关系式代入照度公式，得

$$E' = \pi\tau B\left(\frac{D}{2f'}\right)^2 = \frac{\pi\tau B}{4F^2} \tag{9-10}$$

为了使像面在各种自然条件和人工照明条件下获得所需要的照度，通常总是把摄影物镜的光阑做成可变的。根据像面照度与 F^2 成反比的关系，就可以确定光圈的变换规律。在照相机中是以公比为 $1/\sqrt{2}$ 的等比级数关系间断地排列光圈直径的，即使相邻两档光圈的曝光量在相同的时间内仅相差一倍，每增大一档光圈(即减小一次 F 数)，像面的照度就增大一倍。表 9-1 列出了国家标定的光圈排列情况。

表 9-1　相对孔径与光圈数

D/f'	1∶1	1∶1.4	1∶2	1∶2.8	1∶4	1∶5.6	1∶8	1∶11	1∶16	1∶22	1∶32
F 数	1	1.4	2	2.8	4	5.6	8	11	16	22	32

3. 视场 2ω

摄影物镜的视场，决定了摄影范围的大小。由于摄影系统的摄影范围是由底片的大小来决定的，所以底片框就是物镜的视场光阑。底片尺寸一定时，物镜的视场角仅取决于焦距的大小。设底片的斜对角线的长度为 $2y'$，则

$$y' = -f'\tan\omega' = -f'\tan\omega \qquad \text{(物在无限远)}$$

$$y' = \beta y = \frac{f'}{x}y \qquad \text{(物在有限远)}$$

摄影物镜按视场的大小来分类，可以分为小视场物镜、普通物镜、广角物镜和特广角物镜。

4. 分辨率 σ

分辨率反映了摄影物镜分辨物体细部结构的能力。摄影物镜的分辨率以理论分辨率表示。根据光的衍射理论和瑞利判据定义，在没有像差的条件下，摄影物镜的分辨率仅与物镜的相对孔径有关。若以能分辨的两点间距离来表示，则有

$$\sigma = \frac{1.22\lambda}{D/f'} \tag{9-11}$$

摄影物镜的分辨率通常用每毫米能分辨的线对 N_L 来表示，此时有

$$N_L = \frac{1}{\sigma} = \frac{D/f'}{1.22\lambda} \tag{9-12}$$

摄影系统的分辨率是一个整体的概念，它由摄影物镜的分辨率(N_L)和底片的分辨率(N_P)两部分组成，则系统的分辨率 N 为

$$\frac{1}{N} = \frac{1}{N_L} + \frac{1}{N_P} \tag{9-13}$$

在国家标准中，以用统一规定的底片，按照一定的条件拍照洗印出来的效果来标定摄

影系统的分辨率。

9.4.2　几种常用的普通摄影物镜

1. 对称型物镜

如图 9-16 所示，光阑位于两组结构完全相同的透镜之间。在结构上，两组透镜相对于光阑左右对称，其垂轴像差的方向相反。当系统的垂轴放大倍数 $\beta = -1$ 时，这类物镜的垂轴像差消失。此外，设计中常利用各对称组各镜片的结构变化来校正轴向像差，如薄透镜的弯曲校正球差，胶合面校正色差，厚透镜校正场曲以及改变两块厚透镜间的距离校正像散。

当对称型物镜用于普通摄影、放映及放大等工作时，物距和像距相差很大，其像差得不到自动校正。解决的办法是将其中一组透镜的形状稍加改变，如常用的双高斯型物镜，见图 9-17。双高斯型物镜形状改变很小，仍可认为双高斯型物镜是对称的。

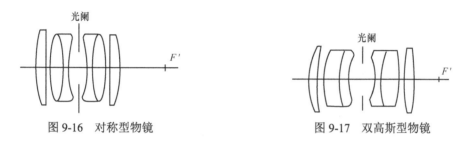

图 9-16　对称型物镜　　　　　　　　图 9-17　双高斯型物镜

双高斯型物镜的光学性能指标是：$D/f'=1/2$，$2\omega = 40°$。它常用于中等视场、大孔径的摄影系统中。

2. 三片柯克型物镜

如图 9-18 所示，它由三层透镜组成，前面是冕牌玻璃的凸透镜，中间是火石玻璃的凹透镜，前凸和中凹组合成一负光组，最后是冕牌玻璃的凸透镜，光阑放在凹透镜的后面。结构简单，且能较好的校正球差、色差、像散等缺陷。该物镜的视场角一般在 40°～60°之间，相对孔径为 1∶8～1∶3.5，在部分普通简便照相机中应用的就是这种类型的物镜。

图 9-18　三片柯克型物镜　　　　　　图 9-19　天塞型物镜

3. 天塞型物镜

如图 9-19 所示，天塞型物镜是在三片柯克型物镜的基础上改进而成的，最后为双胶合正透镜组。胶合面有利于矫正高级彗差、像散和轴外球差。天塞型物镜的视场角在 40°～70°之间，相对孔径为 1∶8～1∶2.8，是当今用得最普遍的一种摄影物镜。

9.4.3 投影系统

就是将被透射或反射照明的物体以一定的放大倍率投影成像在屏幕上的光学系统，称为投影系统。如幻灯机（图 9-20）、电影放映机、测量用投影仪（图 9-21）等。投影系统通常由两部分组成，即投影物镜和照明系统。

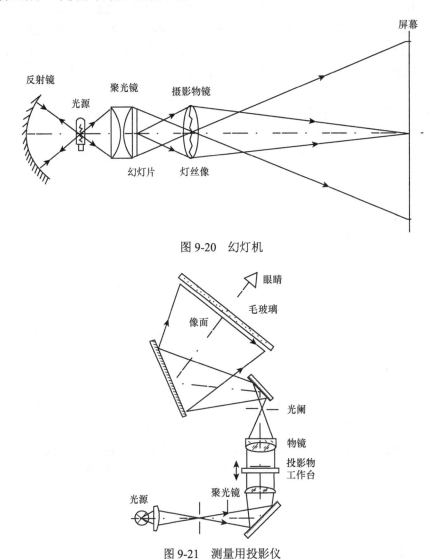

图 9-20　幻灯机

图 9-21　测量用投影仪

（一）投影物镜

投影物镜是投影系统的核心部分，它的作用是将投影物体成像在屏幕上，并保证成像的清晰和物像的相似。描述投影物镜光学特性的参数有四个，即放大率，视场、数值孔径和工作距（共轭距）。

投影物镜的放大率是关系到测量精度、数值孔径大小、观测范围和结构尺寸的重要参数。放大率越大，投影仪的测量精度就越高；放大率越大，物镜所需的数值孔径也越大；屏幕尺寸一定时，放大率越大，被投影的物体尺寸就越小；当工作距的大小一定时，放大率越大，物像间的共轭距就越长，相应的投影系统的结构尺寸也就越大。

与目视光学系统不同，投影系统的成像范围不用视场角来表示，而是直接投影物体的最大尺寸——线视场表示。即，投影系统的视场取决于投影屏幕的尺寸，屏幕框就是投影系统的视场光阑。

投影物镜的数值孔径与分辨率的关系和显微镜的计算公式相同，若以能分辨的两点间距离来表示，则有

$$\sigma = \frac{0.5\lambda}{NA} \tag{9-14}$$

对目前用人眼观察的投影仪来说，线分辨率经物镜放大 β 倍后应该与人眼的分辨率相适应，即

$$\sigma\beta = 250\varepsilon \tag{9-15}$$

式中，ε 为人眼的分辨角(弧度值)，常数项 250 为人眼的明视距离，将上式代入式(9-14)得

$$NA = \frac{\beta\lambda}{500\varepsilon} \tag{9-16}$$

此外，物镜的数值孔径还与系统的景深有关。可以证明，系统的景深

$$\Delta = \frac{250\varepsilon}{\beta NA} \tag{9-17}$$

即 β 一定时，Δ 与数值孔径 NA 成反比。

工作距是指物体到投影物镜第一面的距离。当 β 一定时，增大物镜的工作距离势必增大系统的共轭距。显然这将影响到系统的轴向尺寸。对投影仪来说，系统的轴向尺寸太大时，就不得不在光路中加入棱镜或反射镜，这就是有些投影仪器除了照明系统和投影物镜外，还有棱镜等其他光学元件的原因之一。

共轭距(M)和放大率、焦距之间有如下关系

$$M = -f'(\beta-1)^2 / \beta \tag{9-18}$$

一台投影仪常备有几种不同倍率的物镜，为了在更换物镜时不必重新调焦，几种倍率的物镜应具有相同的共轭距。

(二) 照明系统

为了使屏幕上获得足够大的光照度，投影系统一般都要设置专门的照明系统。照明系统的作用是把光源的光通量尽可能多地聚集到投影物镜中去，并使被投影物体照明均匀。投影系统根据照明方式不同，可以分成两大类。

1. 临界照明

临界照明(critical illumination)是指把光源通过聚光镜成像在观察物体或成像物面上，如图 9-22 所示。它的优点是在被照物面上可以获得最大的亮度，缺点是光源亮度的不均匀性将直接反映在物面上。这种照明系统多用于投影物体面积比较小的情形，如电影放映机采用的就是这类照明系统，见图 9-23 所示。

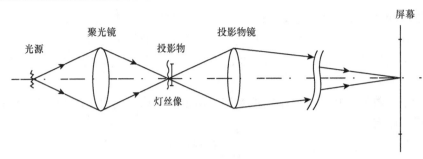

图 9-22　临界照明

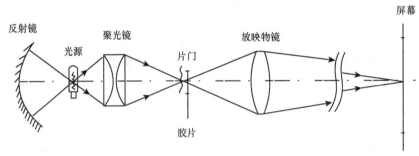

图 9-23　电影放映机

为了充分地利用光能，一般在灯泡后面安放一球面反射镜，或直接在灯泡背面玻璃上镀以反光膜层。反射镜的球心与灯丝重台，灯丝经球面反射后成像在原来的位置上。若发光表面是平行排列的灯丝，则需将灯丝像调到原灯丝的中间（见图 9-24），可以提高光源的均匀性。

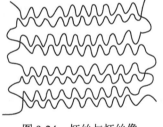

图 9-24　灯丝与灯丝像

2. 柯勒照明

柯勒照明 (Kohler illumination)，要求光源通过聚光镜后成像在投影物镜的入瞳上，如图 9-25 所示，它的优点是能充分地利用光能、控制照明视场的大小、避免杂散光射入物镜以及使投影物体获得均匀的照明。在大面积的投影仪器中常使用这类照明系统，如幻灯机和放大机，使用的就是这类照明，见图 9-20 所示。

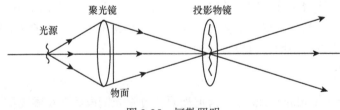

图 9-25　柯勒照明

照明系统的设计应满是以下两个原则：

(1) 光孔转接原则，即照明系统的入瞳位置为光源的位置，照明系统的出瞳位置为物镜的入瞳位置。

(2) 照明系统拉赫不变量不小于物镜拉赫不变量原则，即

$$J_{\text{照}} \geqslant J_{\text{物}}$$

所谓拉赫不变量,就是在一对共轭平面内,成像的物高 y、成像的光束孔径角 u 和所在介质的折射率 n 三者的乘积为一常数,用字母 J 表示,称为拉赫不变量。物、像空间各相应量用式子可表示为

$$nuy = n'u'y' = J \tag{9-19}$$

此式称为拉赫不变式。

若成像光束有一定大小,即宽光束成像,则光束的孔径角用 U 表示,此时,拉赫不变式表示为

$$ny\tan U = n'y'\tan U' = J$$

习 题 九

9-1 用放大镜观察物体时,眼睛逐渐向放大镜靠近,则放大镜的视角放大率和线视场如何变化?

9-2 有一个焦距为 50 mm,口径 $D = 50$ mm 的放大镜,眼睛到它的距离 $d = 125$ mm,如果物体经放大镜后成像在明视距处,求该放大镜的视角放大率和线视场?

[7, 150mm]

9-3 一简单薄放大镜的焦距为 5cm,试求:(1)如果成像在明视距离处,物体应放在放大镜前多远处?(2)如果物高为 1mm,则放大的像高为多少?

[42mm, 6mm]

9-4 为什么显微镜可以理解为一个复杂化了的放大镜?其视角放大率符号是否一致?

9-5 已知显微镜的目镜放大率 $\Gamma_{\text{目}} = 15$,问其焦距为多少?物镜放大率 $\beta = 2.5$,共轭距为 180 mm,求其焦距及物、像方截距?并问显微镜的总放大率为多少?总焦距又是多少?

[16.7mm, 36.74mm, -51.43mm, 128.57mm, -37.5mm, 6.67mm]

9-6 一架显微镜的物镜和目镜相距 20cm,物镜的焦距为 7mm,目镜的焦距为 5mm,若把物镜和目镜都看成是薄透镜,试求:(1)被观察物到物镜的距离;(2)物镜的垂轴放大率,(3)显微镜的放大本领。

[−7.26, −26.86, −1343]

9-7 二个薄透镜相距 200 mm 组成一个 40 倍的显微系统,目镜的焦距为 25 mm,试求物镜的焦距和光学筒长是多少?

[50mm, 225mm]

9-8 一架伽俐略望远镜,物镜和目镜的间距为 12cm。若该望远镜的放大本领为 4 倍,试求物镜和目镜的焦距各是多少?

[9.6cm, 2.4cm]

9-9 拟制一个 6 倍的望远镜,已有一焦距为 150 mm 的物镜,问组成开普勒或伽俐略望远镜时,目镜的焦距应为多少?筒长(物镜到目镜的距离)又为多少?

[−25mm, 125mm]

9-10 一个开普勒望远镜物镜的焦距为 100 cm,相对孔径 $D/f' = 1 : 12$,现测得出射光瞳的直径为 4 mm,试求望远镜的总放大率和目镜的焦距?

[−20.83，48mm]

9-11 一架显微镜，物镜焦距为 4mm，中间像成在第二焦面（像方焦点）后 160mm 处，如果目镜为 20 倍，则显微镜的总放大率为多少？

[−800]

9-12 在照明方式中，柯勒照明和临界照明有什么区别？

（曾林泽　陈海峰）

参 考 文 献

安连生. 2008. 应用光学, 3 版. 北京理工大学出版社

蔡履中. 2007. 光学. 3 版. 北京：科学出版社

陈家璧. 2004. 激光原理及应用. 北京：电子工业出版社

陈熙谋. 2007. 光学·近代物理. 北京：北京大学出版社

崔宏滨，李永平，康学亮. 2015. 光学. 2 版. 北京：科学出版社

郭永康，包培悌. 1988. 光学教程. 成都：四川大学出版社

胡玉禧，安连生. 2002. 应用光学. 合肥：中国科学技术大学出版社

李宾中. 2010. 医学物理学. 北京：科学出版社

李大海，曹益平. 2013. 现代工程光学. 北京：科学出版社

李晓彤，岑兆丰. 2003. 几何光学·像差·光学设计. 杭州：浙江大学出版社

吕百达. 1992. 激光光学. 成都：四川大学出版社

吕遒光，陈家璧，毛信强. 1985. 傅里叶光学（基本概念和习题）. 北京：科学出版社

母国光，战元令. 1978. 光学. 北京：人民教育出版社

宋慧琴. 2005. 眼应用光学基础. 北京：高等教育出版社

王纪龙，周希坚. 2007. 大学物理. 3 版. 北京：科学出版社

王仕璠，朱自强. 1998. 现代光学原理. 成都：电子科技大学出版社

吴强. 2006. 光学. 北京：科学出版社

姚进. 2011. 眼视光应用光学. 北京：人民卫生出版社

姚啟钧. 1981. 光学教程. 北京：人民教育出版社

赵景员，杨仲. 1987. 光学学习指导. 沈阳：辽宁教育出版社

赵凯华，钟锡华. 1984. 光学. 北京：北京大学出版社

周炳琨，高以智，陈家骅，等. 1984. 激光原理. 北京：国防工业出版社

[法]R. 阿内甘，J. 布迪尼. 1986. 物理学教程，光学 2. 华宏鸣，译. 北京：高等教育出版社

[美]D. 哈里德，R. 瑞斯尼克. 1978. 物理学，第二卷，第二册. 李仲卿等，译. 北京：科学出版社

[苏]Д. В. Сивухин. 1985. 光学习题集. 任宝明，刘励和，译. 北京：高等教育出版社

[英]威·玻尔顿. 1990. 英国高考物理试题精选. 王明雄，乔运德，译. 北京：学苑出版社

Born M, Wolf E. 1999. PRINCIPLES OF OPTICS. 7th ed. London: Cambridge University Press

Dendy PP, Tuffnell R , Hart MTV. Cambridge problems in Physics and advice on solutions. Cambridge. 1987. 剑桥普通物理学解题
指导. 宣桂鑫，曹磊，张治国，译. 上海：上海翻译出版公司

Ghatak A. 2009. Optics. 4th ed. NY：Tata：McGraw-Hill Publishing Company Limited

Lauterborn W, Kurz T, Wiesenfeldt M. 1999. COHERENT OPTICS. Berlin: Springer-Verlag

Li L, Huang YF, Wang YT. 2005. APPLIED OPTICS. Beijing: Beijing Institute of Technology Press

Meyer-Arendt JR. 1989. INTRODUCTION TO CLASSICAL AND MODEN OPTICS. 3rd ed. New Jersey: Prentice-Hall International
Inc.

Reese RL. 2002. University Physics. Brooks/Cole Publishing Company

Rousseau M, Mathieu J P. Problems in Optics. Pergamon Press. 1981. 物理光学习题集. 北京工业学院光学教研室、华中工院光
仪教研室，译. 北京：科学出版社

Urone PP. 2002. College Physics. 2nd ed. Brooks/Cole Publishing Company

索　引

A

艾里斑（Airy disk）　14

B

半波损失（half-wave loss）　9

倍率色差（lateral chromatic aberration）　129

波的叠加原理（superposition principle of wave）　5

波面（wave front）　4

波阵面（wave front）　4

薄膜干涉（thin-film interference）　10

补色律（law of complementary colors）　117

不完善成像（imperfect imaging）　38

布里渊散射（Brillouin scattering）　23

布儒斯特定律（Brewster's law）　20

布儒斯特角（Brewster's angle）　20

部分偏振光（partial polarization light）　18

C

侧向位移量（lateral displacement）　42

场曲（field curvature）　126

出窗（exit window）　93

出射窗（exit window）　93

出射光瞳（exit pupil）　91

出瞳（exit pupil）　91

垂轴放大率（lateral/transverse magnification）　59

垂轴色差（lateral chromatic aberration）　128

D

单色光（monochromatic light）　4

调制传递函数（modulation transfer function，MTF）　134

E

二向色性（dichroism）　21

F

发光点（luminous point）　30

反射棱镜（reflection prism）　43

非常光（extraordinary ray）　21

菲涅尔衍射（Fresnel diffraction）　11

费马原理（Fermat's principle）　36

分辨本领（resolving power）　15,137

分辨率（resolution）　137

夫琅禾费衍射（Fraunhofer diffraction）　11

复色光（polychromatic light）　4

复振幅（complex amplitude）　25

傅里叶变换（Fourier transform）　26

傅里叶光学（Fourier optics）　24

G

干涉（interference）　5

干涉花样（interference pattern）　8

高斯像（Gauss image）　56

共轭距（conjugate distance）　38

共轴球面系统（coaxial spherical system）　37

光程（optical path）　6

光程差（optical path difference）　6

光的干涉（interference of light）　8

光的散射（light scattering）　22

光的衍射（diffraction of light）　11

光焦度（fucos power）　74

光阑（stop）　91

光密介质（optically denser medium）　32

光圈数（aperture number）　152

光疏介质（optically thinner medium）　32

光束（light beam）　31

光瞳（pupil）　91

光线（light ray）　30

光线模型（ray model）　30

光学筒长（optical tube length）　146

光源（luminous source）　30

光栅常数（grating constant）　16

光栅方程（grating equation）　16

光栅光谱（grating spectrum）　16

光轴（optic axis）　37

H

红外线（infrared ray）　4

弧矢场曲（sagittal field curve）　126

弧矢焦线（sagittal focal line）　125

弧矢面（sagittal plane）　122

J

畸变（distorsion）　127

极端光程定律（law of extreme path）　36

检偏器（analyser）　18

渐晕（vignetting）　94

渐晕光阑（vegnetting stop）　94

焦深（depth of focus）　96

节点（nodal point）　75

截距（intercept）　53

近轴光线（axial ray）　56

景深（depth of filed）　95

聚散度（vergence）　74

绝对畸变（absolute distortion）　127

K

空间频率（spatial frequency）　25

孔径光阑（aperture of stop）　91

孔径角（angle of aperture）　53

孔阑（aperture）　91

L

拉曼散射（Raman scattering）　23

棱镜度（prism diopter）　47

理想光学系统（ideal optical system）　66

理想像（ideal image）　56

亮度相加律（law of additive brightness）　117

临界角（critical angle）　34

临界乳光（critical opalescence）　22

M

马吕斯定律（Malus law）　19

弥散斑（disc of confusion）　94

米氏散射（Mile scattering）　23

P

偏振度（degree of polarization）　19

平面偏振光（plane polarized light）　18

Q

球面系统（spherical system）　37

曲折力（refractive power）　74

缺级（missing order）　17

R

入射窗（input window）　93

入射光瞳（entrance pupil）　91

入瞳（entrance pupil）　91

瑞利判据（Rayleigh's criterion）　15

瑞利散射（Rayleigh scattering）　22

S

色差（chromatic aberration）　128

实物（real object）　38

实像（real image）　38

视场（field of view）　92

视场光阑（field stop）　92

双折射（double refraction 或 birefringence）　21

T

同心光束（concentric beam）　31

椭圆偏振光（elliptical polarization light）　18

W

完善成像（perfect imaging）　38

物距（object distance）　53

物空间（object space）　39

X

线畸变（line distortion）　126

线偏振光（linear polarized light）　18

相对畸变（relative distortion）　127

相干光（coherent light）　5

相干光源（coherent source）　5

相位传递函数(phase transfer funtion，PTF)　134

像距（image distance）　53

像空间（image space）　39

像面弯曲（curvature of field）　126

像散（astigmatism）　124

像散光束（astigmatic beam）　31

虚物（virtual object）　38

虚像（virtual image）　38

寻常光（ordinary ray）　21

Y

衍射光栅（diffraction grating） 16

有效光阑（effective stop） 91

圆偏振光（circular polarization light） 18

远景深（far depth of field） 95

Z

杂散光（stray light） 94

折射棱镜（refraction prism） 45

轴向放大率（axial magnification） 72

轴向球差（axial aberration） 121

轴向色差（axial chromatic aberration） 128

轴向位移量（axial displacement） 42

主光线（chief ray） 91

子午面（meridian plane） 122

紫外光（ultraviolet light） 4

紫外线（ultraviolet rays） 4